普通高等教育"十二五"系列教材

计算机网络实验教程

主编　郭慧敏
参编　陈　晨　程明权
主审　谭方勇

中国电力出版社
CHINA ELECTRIC POWER PRESS

内 容 提 要

本书遵循"理论够用，突出实践"的原则，为读者提供了不同层次的实验和相应的理论讲解。内容安排由易到难，包括初级篇、中级篇、高级篇三个级别。初级篇共 8 个实验，包括网络基础知识讲解和网络协议分析实验，通过抓包工具 Wirshark 进行的观测性抓包实验，最终能让学生对网络各层协议的运行机制得到更深入地理解；中级篇的内容共 23 个实验，覆盖了交换技术、路由技术、网络编程技术、数据流控制技术、广域网技术等内容；高级篇包括多个综合项目实验，如 IGP 综合实验、通过 BGP 协议组建 ISP 的网络、企业网络安全综合实验、架构运营商的 MPLS VPN 网络等。

本书内容丰富，实例众多，针对性强，叙述和分析透彻，书中所有实验均基于 Cisco 设备，不仅有实验原理的理论讲述，还专门介绍了多个网络模拟软件，对于不具备物理实验设备的学校，实验仍可在实例的引导下在虚拟环境中完成。本书不仅适宜作为普通高等院校、独立学院理工科相关专业的本科生实验教材，也对从事计算机网络工作的工程技术人员有一定的参考价值。

图书在版编目（CIP）数据

计算机网络实验教程 / 郭慧敏主编. —北京：中国电力出版社，2014.12（2021.5 重印）

普通高等教育"十二五"规划教材
ISBN 978-7-5123-7054-8

Ⅰ.①计... Ⅱ.①郭... Ⅲ.①计算机网络—实验—高等学校—教材 Ⅳ.①TP393-33

中国版本图书馆 CIP 数据核字（2015）第 004810 号

中国电力出版社出版、发行

（北京市东城区北京站西街 19 号　100005　http://www.cepp.sgcc.com.cn）
北京九州迅驰传媒文化有限公司印刷
各地新华书店经售

*

2014 年 12 月第一版　　2021 年 5 月北京第三次印刷
787 毫米×1092 毫米　16 开本　11 印张　266 千字
定价 **22.00** 元

版 权 专 有　侵 权 必 究

本书如有印装质量问题，我社营销中心负责退换

前　言

当前，各个高等院校都开展了计算机网络技术相关的理论和实验课程的教学，作为一所独立学院，如果计算机网络课程的相关设置完全照搬成熟本科高校的教材，将严重偏离我院的培养高素质应用型人才的培养目标，因此，结合学生的特点，我们在总结多年教学经验，参考大量相关文献的基础上编写了这本适合民办高校、独立学院理工科类本科生使用的教材。

与国内现有同类教材相比，本教材的特色及创新如下：

（1）本教材适合于民办高校、独立学院的大学计算机本科专业、信息工程专业及其他理工科专业的学生学习，内容安排为初级篇、中级篇、高级篇，从易到难，循序渐进，学时合适，对实验环境依赖不是很大，既有设备的配置和应用，又包含部分软件编程的内容，学习安排比较灵活。

（2）着重体现校企合作，将思科认证的（CCNA和部分CCNP）考核重点和理论教材的内容有机结合，内容相互联系，各有侧重。本实验教材强调对学生动手能力的培养，通过协议分析与观测，局域网组件等实验操作，在掌握应用技能的同时，加深对理论知识的理解。同时在中级和高级篇设计有多个面向不同实际工作情境的综合项目的实现。

（3）一个实验重点解决一个问题，既便于学生在较短的时间内完成实验，又便于学生加深理解。

（4）每个实验都有理论的仔细讲解，学生可以掌握到课本中没有仔细介绍的知识和应用。

（5）每个实验结束后都有实验思考题的提出，让学生在课余都带着问题多思考，可以进行自我提升。

本书由郭慧敏担任主编，陈晨、程明权参加编写。高级篇部分由获有三个类别CCIE证书，并且有多年培训经验的南京市吾曰思程网络科技有限公司的资深专家程明权总经理编写。顾利民教授一直关心和支持本书的编写出版工作，并提出了一些宝贵的意见，在此谨表示衷心的感谢。本书由谭方勇副教授担任主审。如读者需要课程配套的课件和视频录制资料，请用邮件联系我们，联系方式：hmguo@nuaa.edu.cn。

限于水平，加上时间仓促，书中的疏漏和不足之处在所难免，恳请同行和广大读者批评指正。

编　者
2014年11月

目　　录

前言

初　级　篇

第一章　计算机网络基础实验 ·· 3
　　实验一　非屏蔽双绞线的制作与测试 ··· 3
　　实验二　Windows XP 对等网的构建 ··· 7
　　实验三　有关网络测试命令的使用 ·· 10
第二章　网络各层协议配置分析 ·· 17
　　实验一　以太网链路层帧格式分析 ·· 20
　　实验二　ARP 协议分析 ·· 21
　　实验三　IP 协议分析 ··· 23
　　实验四　ICMP 协议分析 ·· 26
　　实验五　TCP 协议分析 ·· 29

中　级　篇

第三章　路由器的基础配置与使用 ·· 37
　　实验一　熟悉使用 Packet Tracer ··· 37
　　实验二　路由器的基本配置 ·· 43
　　实验三　IOS 各种基本配置命令 ·· 47
　　实验四　配置文件管理和 IOS 管理 ·· 48
第四章　交换机的配置与 VLAN、STP ·· 54
　　实验一　交换机的基本配置 ·· 55
　　实验二　VLAN 划分 ··· 56
　　实验三　VLAN 间 Trunk 的配置 ·· 58
　　实验四　VLAN 间通信 ·· 60
　　实验五　三层交换技术 ·· 62
　　实验六　VTP 配置 ·· 64
　　实验七　STP 协议 ·· 65

第五章 静态路由与默认路由 ······ 72
实验一 静态路由的配置 ······ 72
实验二 默认路由的配置 ······ 76

第六章 动态路由选择协议 RIP ······ 78
实验一 配置动态路由协议 RIPv1 ······ 78
实验二 配置动态路由协议 RIPv2 ······ 80

第七章 动态路由选择协议 OSPF ······ 83
实验一 点到点链路上的 OSPF ······ 85
实验二 广播多路访问链路上的 OSPF ······ 89

第八章 ACL 与 NAT ······ 93
实验一 ACL 访问控制列表 ······ 93
实验二 NAT 网络地址转换 ······ 96

第九章 HDLC 和 PPP ······ 100
实验一 HDLC 和 PPP 封装 ······ 100
实验二 PAP 认证 ······ 102
实验三 CHAP 认证 ······ 103

第十章 基于 Socket 的 UDP 和 TCP 编程 ······ 105
实验 基于 Socket 的 UDP 和 TCP 编程 ······ 105

高 级 篇

第十一章 IGP 综合实验 ······ 119
第十二章 通过 BGP 协议组建 ISP 的网络 ······ 129
第十三章 企业网络安全综合实验 ······ 144
第十四章 架构运营商的 MPLS VPN 网络 ······ 151
第十五章 综合实验（大作业） ······ 160
综合实验一 中小型企业内部网络访问控制解决方案 ······ 160
综合实验二 某企业网络规划与设计 ······ 160

附录 A ······ 162

参考文献 ······ 170

▶ 普通高等教育"十二五"系列教材

初 级 篇

第一章 计算机网络基础实验

实验一 非屏蔽双绞线的制作与测试

1 实验内容

（1）在非屏蔽双绞线上压制接头。

（2）制作非屏蔽双绞线的直通线与交叉线，并测试连通性。

2 实验目的

（1）掌握非屏蔽双绞线与 RJ-45 接头的连接方法。

（2）了解 T568A 和 T568B 标准线序的排列顺序。

（3）掌握非屏蔽双绞线的直通线与交叉线的制作方法，了解它们的区别和适用环境。

（4）掌握线缆测试的方法。

3 实验环境要求

水晶头、100Base-TX 双绞线、网线钳、网线测试仪。

4 实验理论

（1）双绞线的主要特点：非屏蔽双绞线易弯曲、易安装，具有阻燃性，布线灵活。屏蔽双绞线价格高，安装困难，需连接器，抗干扰性好。

（2）网络距离：每网段 100m，接 4 个中继器后最长可达到 500m。

（3）非屏蔽双绞线的六种类型：双绞线按照电气性能划分，通常分为一类、二类、三类、四类、五类、超五类、六类双绞线等类型，数字越大，技术就越先进，带宽也越宽。在线缆的外皮上，可以看到相应的级别标识。

（4）线序标准：由于一根双绞线内有 8 根线，每两根绞在一起，且有颜色区分，因此在压接水晶头（RJ-45 头），将每对绞线拆开，8 根线排成一排时，有线序要求。

RJ-45 水晶头由金属片和塑料构成，制作网线所需要的 RJ-45 水晶头前端有 8 个凹槽，简称 8P（Position，位置）。凹槽内的金属触点共有 8 个，简称 8C（Contact，触点），因此业界对此有"8P8C"的别称。特别需要注意的是 RJ-45 水晶头引脚序号，当金属片面对我们的时候，从左至右引脚序号是 1～8，序号对于网络连线非常重要，不能搞错。按照 EIA/TIA568B 标准（工程中使用比较多的是 T568B 打线方法），线序的规则见表 1-1。

表 1-1 线 序 规 则 表

B 线序	1	2	3	4	5	6	7	8
	橙白	橙	绿白	蓝	蓝白	绿	棕白	棕
A 线序	1	2	3	4	5	6	7	8
	绿白	绿	橙白	蓝	蓝白	橙	棕白	棕

对于不同用途的网线，每端的水晶头按照不同的标准制作，规则见表 1-2。

表 1-2　　　　　　　　　　　　　双绞线水晶头制作方法

网线的用途	水晶头的做法
交换机、HUB—计算机	B—B，或 A—A
计算机—计算机	B—A
交换机 HUB—下级交换机 HUB（普通口）	B—A
交换机 HUB—下级交换机 HUB（Uplink 口）	B—B，或 A—A

【实验说明】 我们经常使用的相关制作线序是：直通线，交叉线，全反线。直通线一般用来连接异种类型设备，如计算机和交换机之间的连接。交叉线一般用来连接同种类型的设备，如两台计算机之间的连接。全反线主要用于路由器或交换机的 Console 端口与计算机 COM 端口的连接。

路由器和 PC 属于 DTE 类型设备，交换机和 HUB 属于 DCE 类型设备；HUB 或交换机的级联口是按 DTE 设备的引脚连接的。

（1）直通线两端的线序：
　　　　　1　2　3　4　5　6　7　8
端 1：橙白，橙，绿白，蓝，蓝白，绿，棕白，棕；
端 2：橙白，橙，绿白，蓝，蓝白，绿，棕白，棕。

（2）交叉线两端的线序：
　　　　　1　2　3　4　5　6　7　8
端 1：橙白，橙，绿白，蓝，蓝白，绿，棕白，棕；
端 2：绿白，绿，橙白，蓝，蓝白，橙，棕白，棕。

5　实验步骤

5.1　制作直通双绞线并测试

实验用的 RJ-45 接头外观如图 1.1 所示。为了保持制作的双绞线有最佳的兼容性，通常采用最普遍使用的 EIA/TIA568B 标准来制作（见图 1.2），制作步骤如下。

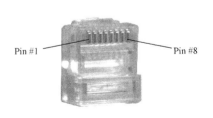

图 1.1　RJ-45 接头

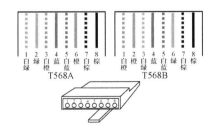

图 1.2　EIA568A、568B 标准线序

（1）制作步骤。可以简述为 1—剥线；2—理线；3—插线；4—压线；具体的制作过程如图 1.3～图 1.12 所示。

【实验注意】 握网线钳的力度不能太大，否则就会剪断芯线，剥线的长度不宜太长或者太短，一般 10～11mm 合适。

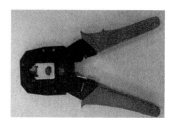

图 1.3　步骤 1　准备工作

图 1.4　步骤 2　准备剥线

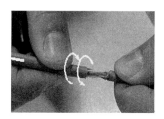

图 1.5　步骤 3　抽出外套层

图 1.6　步骤 4　露出电缆

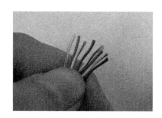

图 1.7　步骤 5　按序号排好图

图 1.8　步骤 6　排列整齐

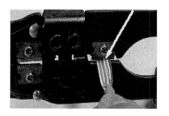

图 1.9　步骤 7　剪断

图 1.10　步骤 8　剪断后

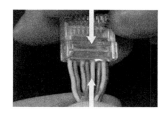

图 1.11　步骤 9　放入插头

图 1.12　步骤 10　压线

将线缆放入 RJ-45 连接器中，在放置过程中注意 RJ-45 连接器的水晶弹片朝下，RJ-45 连接器的口对着自己，并保持线缆的颜色顺序不变，并确保护套也被插入到插头。将电缆推入得足够紧凑，从而确保在从终端查看插头时能够看见所有的导体，并检查线序，确保它们都是正确的。

【实验注意】 压过的RJ-45接口的8只金属脚一定比未压过的低。

按照上述方法制作双绞线的另一端，即可完成直通线的制作。

图1.13 测线仪

（2）测试。先用一个简易测线仪进行下连通性测试。测线仪如图1.13所示，通常一组有两个，一个座位信号发射器（主端），一个作为信号接收器（远程端）；测试时将双绞线的两个接头插入测线仪的两个RJ-45接口中，打开测线仪的开关，开到ON开关，为正常测试速度，S为慢速测试，此时应看到一个灯在闪烁，表示测线仪已经开始工作。观察其面板上的表示线对连接的绿灯，如主程端的指示绿灯按照1～8顺序亮起，而且远端也是按照1～8顺序亮起，则表示该直通线缆制作成功。

5.2 制作交叉双绞线并测试

（1）用上述方法制作双绞线的一端。

（2）取双绞线的另一端按照上述方法完成剥线、理线、插线、压线各个步骤。注意，在理线步骤中，双绞线8根有色导线从左到右的顺序是按照绿白，绿，橙白，蓝，蓝白，橙，棕白，棕的顺序平行排列，其他的步骤都是相同的。

（3）连通性测试方法与直通线相同，但是需要注意的是，测试交叉线时，测线仪的绿灯是交替亮起的。

（4）若网线两端的线序不正确，这时如主端的测试指示灯亮起顺序正常，而远程端亮起顺序不对，则需要重新制作连线。

【实验注意】 RJ-45信息模块的认识如图1.14、图1.15所示，前面插孔内有8芯线针触点分别对应着双绞线的8根线；后部两边分列各4个打线柱，外壳为聚碳酸酯材料，打线柱内嵌有连接各线针的金属夹子；有通用线序色标清晰标注于模块两侧面上，分两排。A排表示T586A线序模式，B排表示T586B线序模式。部分打线工具如图1.16所示。

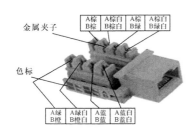

图1.14 RJ-45信息模块

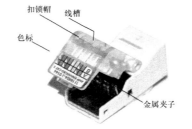

图1.15 免打线型RJ-45信息模块

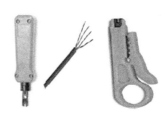

图1.16 部分打线工具图

6 实验思考

（1）交叉线的用途有哪些？测试仪的实际亮灯顺序分别是什么？

（2）请同学们翻阅资料，查看RJ-45信息模块相应打线方法，进行信息模块的压制和测试，并记录打线步骤。

实验二 Windows XP 对等网的构建

1 实验内容

（1）现在实验室有两台计算机都已经安装好 Windows XP 系统，要求用交换机（或者一根网线）把这两台计算机连接起来，使之成为对等网，能够实现两台计算机之间的数据共享。

（2）连接对等网后，要求实现两台计算机之间的某些文件共享和打印机共享。

2 实验目的

（1）了解 Windows XP 对等网建设的软硬件条件。

（2）掌握 Windows XP 对等网建设过程中的相关配置。

（3）了解判断 Windows XP 是否导通的方法。

（4）掌握 Windows XP 对等网中文件夹共享和打印机共享的设置方法，以及映射网络驱动器的设置方法。

3 实验原理

Windows XP 对等网的构建

对等网也称为工作组网，在对等网中没有域，只有工作组。因此在后面的具体网络配置中没有域的分配，而需要配置工作组。在对等网络中，对等网上各台计算机的地位是相同的，无主从之分，任何一台计算机均可以同时兼作服务器和工作站。对等网的主要特点如下：

（1）网络用户较少，一般在 20 台计算机以内。

（2）网络中的计算机在同一区域中。

（3）对于网络来说，网络安全不是最重要的问题。

4 实验步骤

任务一 构建对等网

（1）初始化实验环境。一般对等网的建设应该从网卡的安装和网线的制作开始。但目前各学校计算机实验室的硬件实验环境并不适合大面积展开网络实验，这里将对等网实验的起始步骤定位在网络组件的配置上。所以本实验假设实验环境中的网卡、网线已经安装连接到位，甚至对等网络可能都是能够正常运行的。这样，进行实验时首先要在网络组件中将已经安装的"Microsoft 网络客户端"、"Microsoft 网络的文件及打印机共享"删除，然后再进行安装（如果是正常运行对等网环境中，则此步骤可以去掉）。

（2）设置网络协议。TCP/IP 协议是 Windows XP 安装时自动配置的协议，这里对它进行重新设置（如果是正常运行对等网环境中，则此步骤可以去掉）。

1）在 Windows XP 上，单击"开始"→"连接到"→"显示所有连接"或双击"控制面板"中的"网络连接"打开"网络连接"对话框。在"网络连接"对话框中双击"本地连接"图标，弹出"本地连接 状态"对话框，选择"属性"选项，出现"本地连接 属性"对话框。

2）选择"属性"选项卡中"使用下面的 IP 地址"选项，并输入 IP 地址（例：212.211.112.121）和子网掩码（例：255.255.255.0），单击"确定"按钮，完成网络协议的设置并返回到"本地连接 属性"对话框。

（3）设置网络客户端，并标识计算机。

单击"开始"→"控制面板",在弹出的"控制面板"对话框中选择"系统"选项,这时弹出"系统属性"对话框,单击"计算机名"标签,在窗口中单击"更改"按钮,弹出"计算机名称更改"对话框,在其中的"计算机名"文本框中输入计算机名称,在"工作组"文本框中输入工作组名(默认为Workgroup)。如图1.17所示。

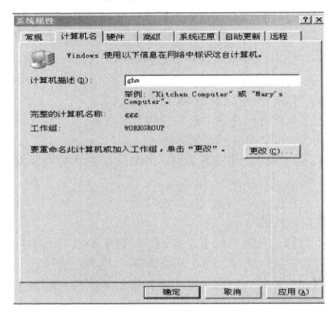

图1.17 "系统属性"对话框

任务二 测试对等网的连通性

有三种测试方法:

(1)进入命令行模式后输入"Ping 127.0.0.1",如果Ping通,则说明TCP/IP协议正常,在连接网线之后,就可以在某台计算机上Ping另一台计算机的IP地址,如果能够Ping通,则说明网络设置正常,对等网已经连接好了。

(2)利用"搜索"是否成功来判断。方法是,选择"搜索命令",再选择"计算机或人",然后选择"网络上的一个计算机",在出现的对话框中输入对方的计算机名,最后如果能够找到对方的计算机名,说明对等网络已经连接成功。

(3)打开"网上邻居",如果能够发现对方的计算机名,说明对等网络已经连接成功。

任务三 设 置 共 享

(1)共享某个盘符。在桌面上打开"我的电脑",选择要共享的盘符,单击鼠标右键,在弹出的菜单上选择"共享和安全"选项后弹出"本地磁盘 属性"对话框。选择"网络共享和安全"框中的"在网络上共享这个文件夹",并在"共享名"栏中输入共享符(如:D),单击"确定"按钮完成共享设置。

(2)设置共享文件夹的方法也非常简单,在此就不一一介绍了。

(3)设置共享打印机。

1）在连接打印机的计算机上进行打印机的共享设置。单击"开始"，选择控制面板，单击"打印机和其他硬件"选项，打开该对话框，在打印机和传真窗口选中要设置共享的打印机图标，用鼠标右键单击该打印机图标，选择共享命令。打开"打印机属性"对话框中的"共享"，选中"共享这台打印机"，在共享名中输入打印机在网络上的共享名称，如 Print，单击"确定"按钮。

2）在其他计算机上进行打印机的共享设置。

单击"添加打印机选项"后，可以再单击"添加打印机"选项，如图 1.18 所示，单击"下一步"按钮，进入"设置打印机类型"对话框。此时要设置是"网络共享打印机"，可以选择"网络打印机"，或"连接到另一台计算机的打印机"，单击"下一步"按钮，打开选择指定打印机的对话框，若用户不知道该打印机的确切位置及名称，可以选择后面两项中的任意一个；若不知道，可以选择"浏览打印机"单选按钮浏览打印机。

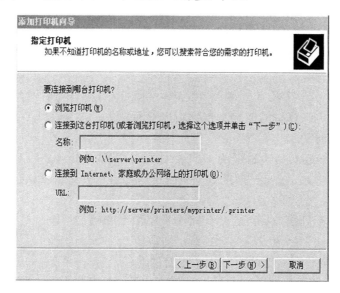

图 1.18　添加打印机向导

3）在列表框中选择要设置共享的打印机。单击将该打印机，将其设置为"默认打印机"，如图 1.19 所示，这样基本设置就完成了。

4）选做部分：映射网络驱动器。在对等网连接好的基础上，将一台计算机上的共享文件夹设置为网络的映射驱动器，不需要的时候也可以删除。主要就是方便访问共享网络上的资源，在"我的电脑"里就可以打开。Windows 提供了多种映射驱动器的方法。一种方法是从"网上邻居"连接驱动器，还有一种简单的方法是从"我的电脑"或"Windows 资源管理器映射驱动器"。

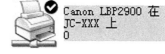

图 1.19　打印机设置成功

5　实验思考

（1）若两台计算机安装了不同的操作系统，对等网组建是否会成功？

（2）防火墙启用后，两台计算机使用 Ping 命令测试网络的连通性，结果会如何？

实验三 有关网络测试命令的使用

1 实验内容

主要学习掌握在 Windows 环境下，Ping 命令，IPconfig 命令，Arp 命令，Tracert 命令，Netstat 命令，Route 命令等的使用方法和使用原理。

2 实验目的

（1）掌握常用网络命令的使用方法。

（2）熟悉和掌握网络管理、网络维护的基本内容和方法。

3 实验命令解释及实验步骤

（1）Ping：测试网络连通性。Ping（Packet Internet Grope），因特网包探索器，用于测试网络连接量的程序。Ping 发送一个 ICMP 回声清求消息给目的地并报告是否收到所希望的 ICMP 回声应答。 校验与远程计算机或本地计算机的连接。只有在安装 TCP/IP 协议之后才能使用该命令。

```
ping [-t] [-a] [-n count] [-l length] [-f] [-i ttl] [-v tos] [-r count] [-s count] [[-j computer-list] | [-k computer-list]] [-w timeout] destination-list
```

参数-t 校验与指定计算机的连接，直到用户中断。

-a 将地址解析为计算机名。

-n count 发送由 count 指定数量的 ECHO 报文，默认值为 4。

-l length 发送包含由 length 指定数据长度的 ECHO 报文。默认值为 64B，最大值为 8192B。

-f 在包中发送"不分段"标志。该包将不被路由上的网关分段。

-i ttl 将"生存时间"字段设置为 ttl 指定的数值。

-v tos 将"服务类型"字段设置为 tos 指定的数值。

-r count 在"记录路由"字段中记录发出报文和返回报文的路由。指定的 count 值最小可以是 1，最大可以是 9。

从上面的许多选项来看，实质上是指定因特网如何处理和携带回应请求/应答 ICMP 报文的 IP 数据包。

正常情况下，在 TCP/IP 网络中，排查网络问题的第一步，通常是使用 Ping 命令，如果成功地从 Ping 回还地址开始逐步排查，就可以判断派出了网络连接出现故障的可能性，说明问题发生在更高的网络层次。下面就给出一个典型的检测次序以及对应的可能的结果。

1）Ping127.0.0.1：该命令执行结果显示不正常，表示 TCP/IP 的安装或者运行存在某些最基本的问题。

2）Ping 本机 IP 地址：该命令执行结果显示不正常，表示本地配置或者安装存在问题，出现此问题时，局域网用户请断开网络电缆，然后重新发送该命令。如果网线断开后本命令正确，则表示另一台计算机可能配置了相同的 IP 地址。

3）Ping 局域网内其他 IP 地址：该命令执行结果显示不正常，表示子网掩码不正确，或者网卡配置错误，或者网线有问题。

如上面所列出的 Ping 命令都能正常地运行，网络配置基本上就没有问题了，但是并不表示所有的网络配置都没有问题。

例如：输入命令，发送 Ping 测试报文，Ping 金城学院的域名。

```
c:>ping jc.nuaa.edu.cn
```

则发现它会自动用域名查找，解析出对应的 IP 地址。例如，如图 1.20 所示，发送的数据包的大小是 32B，发送的时间往返是多少，平均速度等都有显示。直接换成 Ping IP 地址，结果显示是一样的。

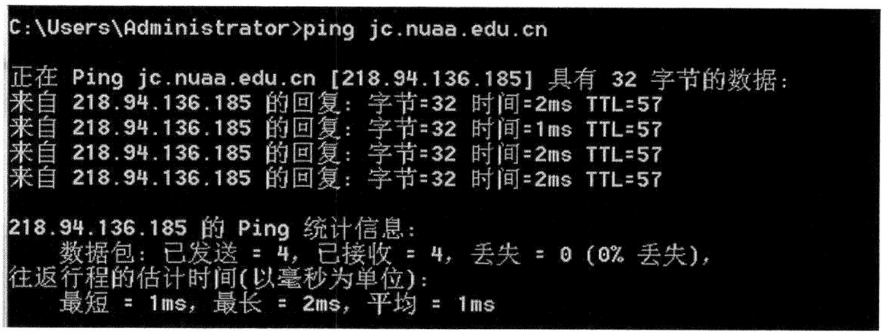

```
C:\Users\Administrator>ping jc.nuaa.edu.cn

正在 Ping jc.nuaa.edu.cn [218.94.136.185] 具有 32 字节的数据:
来自 218.94.136.185 的回复: 字节=32 时间=2ms TTL=57
来自 218.94.136.185 的回复: 字节=32 时间=1ms TTL=57
来自 218.94.136.185 的回复: 字节=32 时间=2ms TTL=57
来自 218.94.136.185 的回复: 字节=32 时间=2ms TTL=57

218.94.136.185 的 Ping 统计信息:
    数据包: 已发送 = 4, 已接收 = 4, 丢失 = 0 (0% 丢失),
往返行程的估计时间(以毫秒为单位):
    最短 = 1ms, 最长 = 2ms, 平均 = 1ms
```

图 1.20　Ping 命令的执行结果显示

注 意

此处选项中有–i，在参数的说明中，TTL 的作用是在通过过长的路径或者有环路的情况下使设备能舍弃数据包。在设置 TTL 值后，每经过一个中间结点值就减 1，为零时丢弃该数据包。

在排除网络连通性故障时，Ping 命令比较有用，但是也存在局限性，在一些场合需要使用 tracert 命令，后面有介绍。

（2）ARP：显示和修改 IP 地址与物理地址之间的转换表。

```
ARP -s inet_addr eth_addr [if_addr]
ARP -d inet_addr [if_addr]
ARP -a [inet_addr] [-N if_addr]
  -a    显示当前的 ARP 信息,可以指定网络地址。
  -g    跟 -a 一样。
  -d    删除由 inet_addr 指定的主机,可以使用*来删除所有的主机。
  -s    添加主机,并将网络地址跟物理地址相对应,这一项是永久生效的。
```

例如：C：\>arp –a　（显示当前所有的表项）

```
Interface:10.111.142.71 on Interface 0x1000003
  Internet Address      Physical Address      Type
  10.111.142.1          00-01-f4-0c-8e-3b     dynamic
  10.111.142.112        52-54-ab-21-6a-0e     dynamic
  10.111.142.253        52-54-ab-1b-6b-0a     dynamic
C:\>arp -a 10.111.142.71(只显示其中一项)
No ARP Entries Found
C:\>arp -a 10.111.142.1(只显示其中一项)
Interface:10.111.142.71 on Interface 0x1000003
```

```
Internet Address      Physical Address      Type
10.111.142.1          00-01-f4-0c-8e-3b     dynamic
C: \>arp -s 157.55.85.212    00-aa-00-62-c6-09   添加一个条目，之后可以再输入命令：
arp -a 验证是否已经加入此条目。
```

> **注意**
> 在 IPv6 协议下，已经取消了 arp 协议，代之以 NDP（邻居发现）协议。

（3）IPCONFIG：查看网络当前配置。该诊断命令显示所有当前的 TCP/IP 网络配置值。该命令在运行 DHCP 系统上的特殊用途，允许用户决定 DHCP 配置的 TCP/IP 配置值。

```
ipconfig [/? | /all | /renew [adapter] | /release [adapter] | /flushdns |
/displaydns | /registerdns | /showclassid adapter | /setclassid adapter [classid] ]
```

如图 1.21 所示，/all 产生完整显示。在没有该参数的情况下，IPconfig 只显示 IP 地址、子网掩码和每个网卡的默认网关值。

例如：

```
C:\>ipconfig /all
```

图 1.21 ipconfig /all

请同学们自己查看下列两个参数的使用结果。

```
C:\>ipconfig /displaydns          //显示本机上的 DNS 域名解析列表
C:\>ipconfig /flushdns            //删除本机上的 DNS 域名解析列表
```

（4）Tracert：跟踪路由。Tracert 命令能够追踪数据包访问网络中某个节点时所走的路径，进行路由跟踪用来分析网络和排查网络故障。其输出结果中包括每次测试的时间和设备的名称或者 IP 地址。此命令使用如图 1.22 所示，使用格式如下：

```
tracert [-d] [-h maximum_hops] [-j computer-list] [-w timeout] target_name
```

该诊断实用程序将包含不同生存时间（TTL）值的 Internet 控制消息协议（ICMP）回显数据包发送到目标，以决定到达目标采用的路由。Tracert 先发送 TTL 为 1 的回显数据包，并在随后的每次发送过程将 TTL 递增 1，直到目标响应或 TTL 达到最大值，从而确定路由。通过检查中间路由器发送回的"ICMP 已超时"的消息来确定路由。不过，有些路由器悄悄地不传包含过期 TTL 值的数据包，丢弃了，所以 Tracert 看不到。

参数如下：

-d：指定不将地址解析为计算机名。
-h maximum_hops：指定搜索目标的最大跃点数。

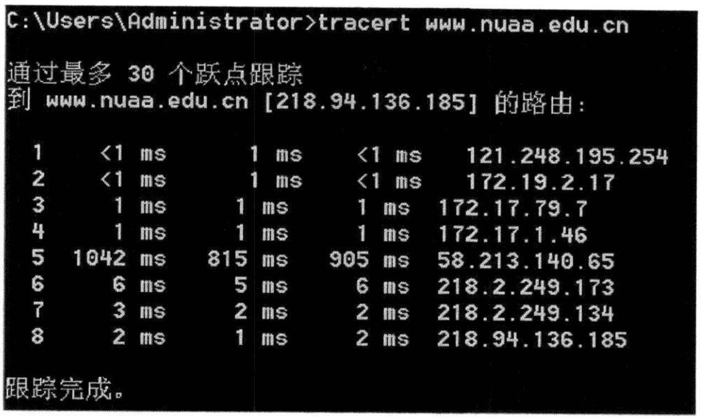

```
C:\Users\Administrator>tracert www.nuaa.edu.cn

通过最多 30 个跃点跟踪
到 www.nuaa.edu.cn [218.94.136.185] 的路由：

  1    <1 ms     1 ms    <1 ms  121.248.195.254
  2    <1 ms     1 ms    <1 ms  172.19.2.17
  3     1 ms     1 ms     1 ms  172.17.79.7
  4     1 ms     1 ms     1 ms  172.17.1.46
  5  1042 ms   815 ms   905 ms  58.213.140.65
  6     6 ms     5 ms     6 ms  218.2.249.173
  7     3 ms     2 ms     2 ms  218.2.249.134
  8     2 ms     1 ms     2 ms  218.94.136.185

跟踪完成。
```

图 1.22 Tracert 命令的使用

如图 1.23 所示为 Tracert 命令加参数的使用。

例如：Tracert -d -h 5 -w 100 www.nuaa.edu.cn。

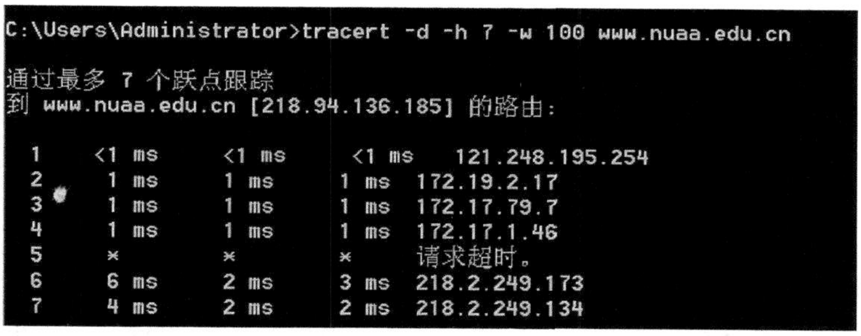

```
C:\Users\Administrator>tracert -d -h 7 -w 100 www.nuaa.edu.cn

通过最多 7 个跃点跟踪
到 www.nuaa.edu.cn [218.94.136.185] 的路由：

  1    <1 ms    <1 ms    <1 ms  121.248.195.254
  2     1 ms     1 ms     1 ms  172.19.2.17
  3     1 ms     1 ms     1 ms  172.17.79.7
  4     1 ms     1 ms     1 ms  172.17.1.46
  5     *        *        *     请求超时。
  6     6 ms     2 ms     3 ms  218.2.249.173
  7     4 ms     2 ms     2 ms  218.2.249.134
```

图 1.23 Tracert 命令加参数的使用

上例所示的参数的含义：第一列显示所经过的路由器的数量，设置为最多 5 个，第二列表示一个路由到另一个路由的时间，单位是 ms。如果增加设置跃点数量为 7，则结果如图 1.24 所示。

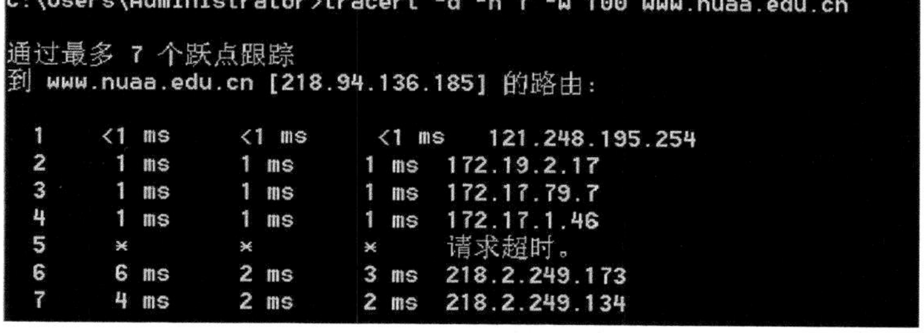

```
C:\Users\Administrator>tracert -d -h 7 -w 100 www.nuaa.edu.cn

通过最多 7 个跃点跟踪
到 www.nuaa.edu.cn [218.94.136.185] 的路由：

  1    <1 ms    <1 ms    <1 ms  121.248.195.254
  2     1 ms     1 ms     1 ms  172.19.2.17
  3     1 ms     1 ms     1 ms  172.17.79.7
  4     1 ms     1 ms     1 ms  172.17.1.46
  5     *        *        *     请求超时。
  6     6 ms     2 ms     3 ms  218.2.249.173
  7     4 ms     2 ms     2 ms  218.2.249.134
```

图 1.24 增加设置跃点数量为 7

结果显示，在 4 和 5 路由之间在测试时超时，但是因为后面 6 和 7 能返回正确的结果，说明网络仍然是通畅的。

（5）Netstat：显示网络详细信息。显示协议统计和当前的 TCP/IP 网络连接。该命令只有在安装了 TCP/IP 协议后才可以使用。可以显示路由表，实际的网络连接以及每个网络接口设备的状态信息。

```
Netstat  [-a] [-e] [-n] [-s] [-p protocol] [-r] [interval]
```

-a：显示所有连接和侦听端口。服务器连接通常不显示。

-e：显示以太网统计。该参数可以与 -s 选项结合使用。

-n：以数字格式显示地址和端口号（而不是尝试查找名称）。

-s：显示每个协议的统计。默认情况下，显示 TCP、UDP、ICMP 和 IP 的统计。

-p：选项可以用来指定默认的子集。

-p：protocol 显示由 protocol 指定的协议的连接；protocol 可以是 TCP 或 UDP。如果与 -s 选项一同使用显示每个协议的统计，protocol 可以是 TCP、UDP、ICMP 或 IP。

-r：显示路由表的内容。

例如：很多参数还可以组合使用，例如：

```
C:\>netstat  -an;
C:\>netstat -ano;
```

执行结果如图 1.25 所示。

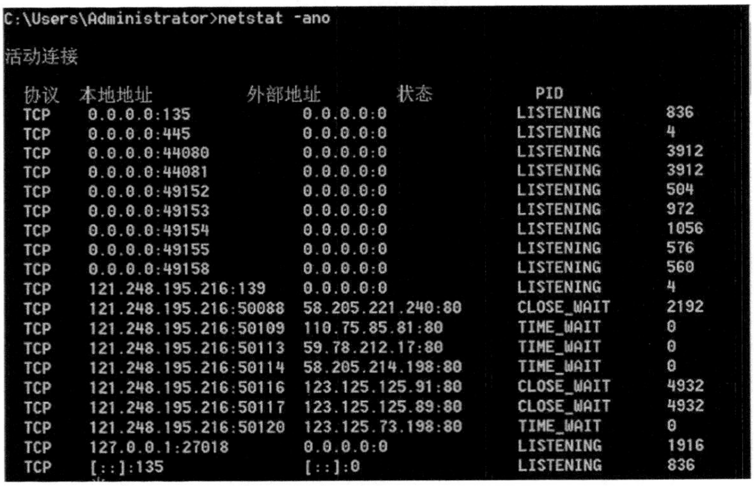

```
C:\Users\Administrator>netstat -ano

活动连接

  协议  本地地址              外部地址            状态           PID
  TCP    0.0.0.0:135            0.0.0.0:0              LISTENING       836
  TCP    0.0.0.0:445            0.0.0.0:0              LISTENING       4
  TCP    0.0.0.0:44080          0.0.0.0:0              LISTENING       3912
  TCP    0.0.0.0:44081          0.0.0.0:0              LISTENING       3912
  TCP    0.0.0.0:49152          0.0.0.0:0              LISTENING       504
  TCP    0.0.0.0:49153          0.0.0.0:0              LISTENING       972
  TCP    0.0.0.0:49154          0.0.0.0:0              LISTENING       1056
  TCP    0.0.0.0:49155          0.0.0.0:0              LISTENING       576
  TCP    0.0.0.0:49158          0.0.0.0:0              LISTENING       560
  TCP    121.248.195.216:139    0.0.0.0:0              LISTENING       4
  TCP    121.248.195.216:50088  58.205.221.240:80      CLOSE_WAIT      2192
  TCP    121.248.195.216:50109  110.75.85.81:80        TIME_WAIT       0
  TCP    121.248.195.216:50113  59.78.212.17:80        TIME_WAIT       0
  TCP    121.248.195.216:50114  58.205.214.198:80      TIME_WAIT       0
  TCP    121.248.195.216:50116  123.125.125.91:80      CLOSE_WAIT      4932
  TCP    121.248.195.216:50117  123.125.125.89:80      CLOSE_WAIT      4932
  TCP    121.248.195.216:50120  123.125.73.198:80      TIME_WAIT       0
  TCP    127.0.0.1:27018        0.0.0.0:0              LISTENING       1916
  TCP    [::]:135               [::]:0                 LISTENING       836
```

图 1.25　netstat –ano 的执行结果

C：\>netstat –se 显示以太网的统计信息，用此命令参数列出的项中包括发送和接收的总字节数，单播分组数目，非单播分组数目，以及丢弃、错误和不能识别协议的分组数目。统计一些基本的流量。

实验结果如图 1.26 所示。

C：\>netstat　-r　说明：从实验结果来看，使用此参数的结果与后面 rout print 的结果一致。请同学们自己查看验证。

（6）Route 命令；控制网络路由表。该命令只有在安装了 TCP/IP 协议后才可以使用。

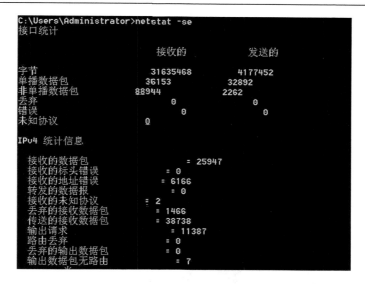

图 1.26　netstat –se 的实验结果

route [-f] [-p] [command [destination] [mask subnetmask] [gateway] [metric costmetric]]

参数及意义解释如下：

-f：清除所有网关入口的路由表。如果该参数与某个命令组合使用，路由表将在运行命令前清除。

-p：该参数与 add 命令一起使用时，将使路由在系统引导程序之间持久存在。默认情况下，系统重新启动时不保留路由。与 print 命令一起使用时，显示已注册的持久路由列表。忽略其他所有总是影响相应持久路由的命令。

Command：指定下列的一个命令。

参数说明：

print：打印路由。

add：添加路由。

delete：删除路由。

change：更改现存路由。

destination：指定发送 command 的计算机。

mask subnetmask：指定与该路由条目关联的子网掩码。如果没有指定，将使用 255.255.255.255。

gateway：指定网关。

metric costmetric：指派整数跃点数（为 1～9999）在计算最快速、最可靠和（或）最便宜的路由时使用。

例如：假设本机 IP 为 10.111.142.71，默认网关是 10.111.142.1，假设此网段上另有一网关 10.111.142.254，现在想添加一项路由，使得当访问 10.13.0.0 子网络时通过这一个网关，那么可以加入如下命令：

```
C:\>route add 10.13.0.0 mask 255.255.0.0 10.111.142.1
C:\>route print (输入此命令查看路由表,看是否已经添加了)
```

```
C:\>route delete 10.13.0.0
C:\>route print （此时可以看见已经没有添加的项）
```

如图 1.27 所示为 route print 最终结果：

```
C:\>route print
===========================================================================
Interface List
0x1 ........................... MS TCP Loopback interface
0x2 ...00 0f ea e0 35 27 ...... Marvell Yukon 88E8053 PCI-E Gigabit Ethernet Con
troller - 数据包计划程序微型端口
===========================================================================
===========================================================================
Active Routes:
Network Destination        Netmask          Gateway       Interface  Metric
        127.0.0.0        255.0.0.0        127.0.0.1       127.0.0.1       1
      169.254.0.0      255.255.0.0   169.254.225.96  169.254.225.96      20
   169.254.225.96  255.255.255.255        127.0.0.1       127.0.0.1      20
  169.254.255.255  255.255.255.255   169.254.225.96  169.254.225.96      20
        224.0.0.0        240.0.0.0   169.254.225.96  169.254.225.96      20
  255.255.255.255  255.255.255.255   169.254.225.96  169.254.225.96       1
===========================================================================
Persistent Routes:
  None
```

图 1.27 route print 最终结果

第二章 网络各层协议配置分析

通过工具软件 Wireshark 的使用，抓取网络中相应的数据包，分析并最终理解网络各层协议的运行机制。

实验准备知识：

（1）在理论知识中，有关网络分层协议的实现以及数据在实际传输中在系统中实际传输过程如图 2.1 所示。

（2）抓包工具 Wireshark 使用介绍。Wireshark（原名 Ethereal）是目前比较受欢迎的协议分析软件，特别是网络分析专家要经常使用它。利用它可将捕获到的各种各样协议的网络二进制数据流翻译为人们容易读懂和理解的文字和图表等形式，极大地方便了对网络活动的监测分析和教学实验。它有十分丰富和强大的统计分析功能，可在 Windows、Linux 和 UNIX 等系统上运行。此软件于 1998 年由美国 Gerald Combs 首创研发，原名 Ethereal，至今世界各国已有 100 多位网络专家和软件人员正在共同参与此软件的升级完

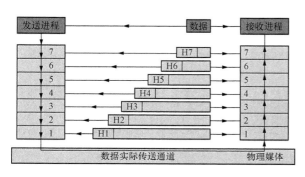

图 2.1 数据在网络 OSI 环境中实际传输过程

善和维护。其名称于 2006 年 5 月由原 Ethereal 改为 Wireshark。至今其更新升级速度每 2~3 个月推出一个新的版本，2007 年 9 月的版本号为 0.99.6。但是升级后软件的主要功能和使用方法保持不变。它是一个开源代码的免费软件，任何人都可以自由下载，也可以参与共同开发。

Wireshark 网络协议分析软件可以十分方便、直观地应用于计算机网络原理和网络安全的教学实验，网络的日常安全监测，网络性能参数测试，网络恶意代码的捕获分析，网络用户的行为监测，黑客活动的追踪等。因此它在世界范围的网络管理专家，信息安全专家，软件和硬件开发人员中，以及美国的一些知名大学的网络原理和信息安全技术的教学、科研和实验工作中得到广泛应用。本章实验使用的是 Wireshark-win32-1.24（Ethereal 的升级版本，公司被合并）；在安装新旧版本软件包和使用中，Ethereal 与 Wireshark 的一些细微区别如下：

1）Ethereal 软件安装包中包含的网络数据采集软件是 winpcap 3.0 的版本，保存捕获数据时只能用英文的文件名，文件名默认后缀为 .cap。如图 2.2 所示为抓包工具 Ethereal 主界面。

2）Wireshark 软件安装包中，目前包含的网络数据采集软件是 winpcap 4.0 版本，保存捕获数据时可以用中文的文件名，文件名默认后缀为 .pcap。另外，Wireshark 可以翻译解释更多的网络通信协议数据，对网络数据流具有更好的统计分析功能，在网络安全教学和日常网络监管工作中使用更方便，而基本使用方法仍然与 Ethereal 相同。

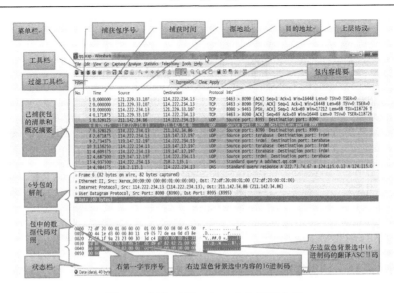

图 2.2 抓包工具 Ethereal 主界面介绍

主界面由三大面板组成。①列表面板：显示每一个包的摘要信息。通过在该面板单击相应的包来控制其他两个面板显示的内容。②详细信息面板：显示在列表面板中选中的包的详细信息（解码过的）。③字节信息面板：显示包的完整数据，且会高亮度显示在详细信息面板中选中的部分。

状态条：显示当前程序和捕获的数据的一些详细内容。

捕获过滤器的所有选项设置如图 2.3 所示。

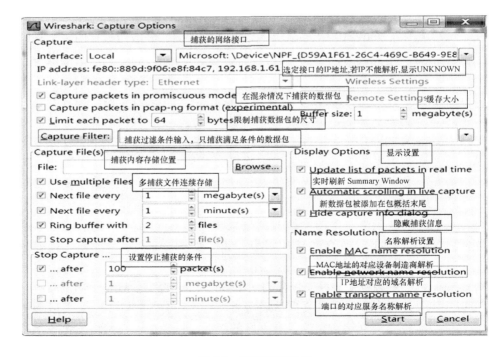

图 2.3 捕获选项设置

（3）Wireshark 使用方法。

1）使用如图 2.4 所示的按钮，打开捕捉接口对话框，浏览可用的本地网络接口，选择需要进行捕捉的接口启动捕捉。

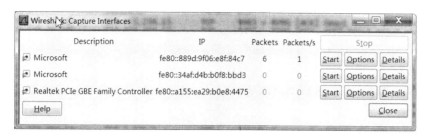

图 2.4　Capture Interfaces 对话框

2）使用捕捉选项按钮，启动捕捉选项配置对话框。有时需要配置高级选项，例如需要捕获一个文件，或者限制捕获的时间或大小，可以单击主菜单 Capture 的 options。

3）如果前次捕捉时的设置和现在的要求一样，可以单击图中 Start（开始捕捉）按钮或菜单项即可开始本次捕捉。

4）启动捕捉后，即开始捕捉接口信息。当不再需要捕捉时，可使用捕捉信息对话框上的 Stop 按钮停止。

如图 2.5 所示：①Wireshark 窗口的数据包列表的每一行都对应着网络上的单独的一个数据包。默认情况下，每行会显示数据包的时间、源地址和目的地址，所使用的协议及关于数据包的一些信息。通过单击此列表中的某一行，可以获悉更详细的信息。②中间的树状信息包含着上部列表中选择的某数据包的详细信息。"+"图标揭示了包含在数据包内的每一层信息的不同的细节内容。这部分的信息分布与查看的协议有关，一般包含有物理层、数据链路层、网络层、传输层等信息。③底部的窗格以十六进制及 ASCII 码形式显示出数据包的内容，其内容对应于中部窗格的某一行。

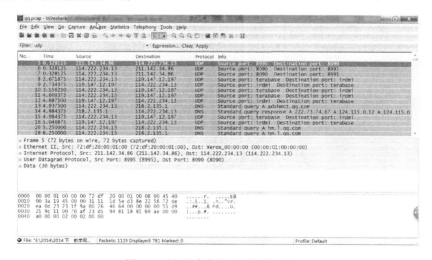

图 2.5　设置过滤规则后的捕获结果

实验一 以太网链路层帧格式分析

1 实验内容

通过对截获帧进行分析,分析和验证 Ethernet V2 标准和 IEEE 802.3 标准规定的 MAC 层帧结构,初步了解 TCP/IP 的主要协议和协议的层次结构。

2 实验目的

分析 Ethernet V2 标准规定的 MAC 层帧结构。

3 实验原理

以太网的 MAC 帧格式如图 2.6 所示。

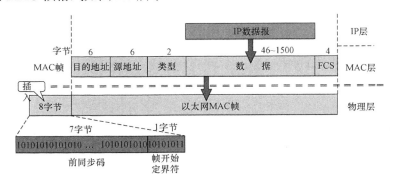

图 2.6 以太网的 MAC 帧格式

4 实验过程与实验报告要求

要求学生对教师指定文件中指定序号的包分析得出结论,并填入实验报告中。如图 2.7 所示为第 6 号帧观测图,从给定的捕获文件的指定帧第 6 号帧进行观察,查看帧的各个域,观察并记录分析。

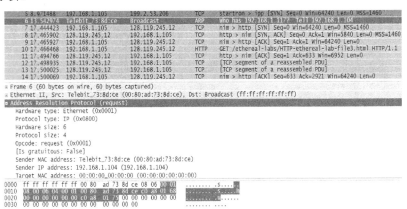

图 2.7 第 6 号帧观测图

(1)先导域包含在记录的数据中吗?

记录的数据是从哪个字段开始到哪个字段结束?

(2)与上课理论所讲的标准的最小有效帧长包括的范围相比,有 4B 的校验和吗?

（3）查找捕获帧中最长的帧，总长度是多少字节？有 4B 的校验和吗？
（4）查找捕获到的计算机所发出的 ARP 请求帧，辨认其目的地址域和源地址字段，看它们的 MAC 地址是多少？再用 Ipconfig –all 查看验证是否一致。
（5）对封装 ARP 分组的帧和其他帧（例如 IP 分组的帧），看其类型字段的值是多少？分别写下来。
（6）除了 IEEE 802.3 协议支持 IP 和 ARP 类型外，还有其他分组类型，对应的值分别是多少？请上网查找资料列出（选做）。
（7）填充部分是用什么填充的，为什么要填充（选做）？

实验二　ARP 协议分析

1　实验内容
通过在位于同一网段和不同网段的主机之间执行 Ping 命令，截获报文，分析 ARP 协议报文结构，并分析 ARP 协议在同一网段内和不同网段间的解析过程。

2　实验目的
分析 ARP 协议报文首部格式，分析 ARP 协议在同一网段内和不同网段间的解析过程。

3　实验原理

3.1　ARP 协议
ARP（Address Resolution Protocol）是地址解析协议的简称，在实际通信中，物理网络使用硬件地址进行报文传输，IP 地址不能被物理网络所识别，所以必须建立两种地址的映射关系，这一过程称为地址解析。用于将 IP 地址解析成硬件地址的协议就称为地址解析协议（ARP 协议）。ARP 是动态协议，也就是说这个过程是自动完成的。

在每台使用 ARP 的主机中，都保留了一个专用的内存区（称为缓存），存放最近的 IP 地址与硬件地址的对应关系，一旦收到 ARP 应答，主机就将获得的 IP 地址和硬件地址的对应关系保存到缓存中，当发送报文时，首先去缓存中查找相应的项，如果找到相应项后，便将报文直接发送出去；如果找不到，再利用 ARP 进行解析。ARP 缓存信息在一定时间内有效，过期不更新就会被删除。

3.2　同一网段的 ARP 解析过程
处在同一网段或不同网段的主机进行通信时，利用 ARP 协议进行地址解析的过程不同。在同一网段内通信时，如果在 ARP 缓存中查找不到对方主机的硬件地址，则源主机直接发送 ARP 请求报文，目的主机对此请求报文作出应答即可。如图 2.8 所示，主机 A 需要发报文给主机 B，如果在缓存中查找不到相应的记录，就必须先解析主机 B 的硬件地址。主机 A 首先在网段内发出 ARP 请求报文，主机 B 收到后，判断报文的目的 IP 地址是否为自己的 IP 地址，便将自己的硬件地址写入应答报文，发送给主机 A，主机 A 收到后将其存入缓存，则解析成功，然后将报文发往主机 B。

3.3　不同网段的 ARP 解析过程
位于不同网段的主机进行通信时，源主机只需将报文发送给其默认网关，即只需查找或解析自己的默认网关地址即可。例如：当主机 A 和主机 B 不在同一网段时，主机 A 就会先向网关发出 ARP 请求，ARP 请求报文中的目的 IP 地址为网关的 IP 地址。当主机 A 从收到的响应报文中获得网关的 MAC 地址后,将报文封装并发给网关。之后网关会广播 ARP 请求,目标 IP 地址为主机 B 的 IP 地址。当网关从收到的响应报文中获得主机 B 的 MAC 地址后,就可以将报文发给主机 B。

图 2.8 同一网段 ARP 解析过程

【实验说明】 在 IPv6 协议下,已经取消了 ARP 协议,代之以 NDP(邻居发现)协议。

4 实验过程与报告要求

要求在实验报告中列表填写各自问题的答案。结果如图 2.9~图 2.11 所示。

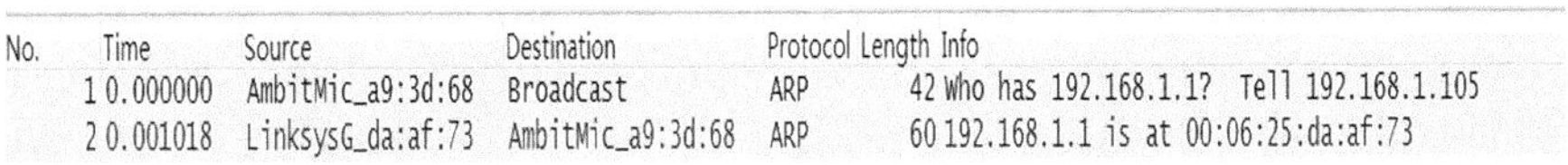

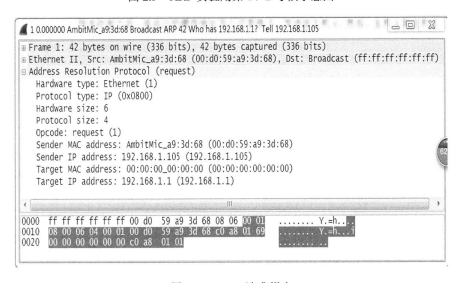

图 2.9 ARP 实验用第 1、2 号帧示意图

图 2.10 ARP 请求报文

观察封装 ARP 请求和应答分组的以太网帧的内容,以给定的抓包文件中指定的第 1、2 号帧为例,看看有何异同?写出其不同之处。

(1)观察 ARP 请求和应答分组的内容,以第 1、2 号帧为例,看看有何异同?写出相同和不同之处。

（2）清楚地描述 ARP 的过程。在一个网段与不在一个网段的做法分别进行描述。

（3）ARP 分组格式图描述说明。

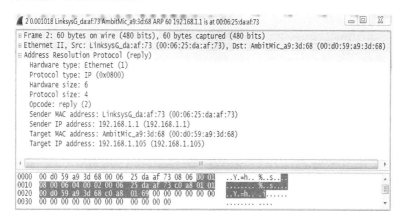

图 2.11 ARP 应答报文

实验三 IP 协 议 分 析

1 实验目的

分析 IP 报文格式、IP 地址的分类和 IP 层的路由功能。

2 实验内容

首先，结合实验二的报文，分析 IP 协议报文格式；然后，结合实验体会 IP 地址的编址方法和数据报文发送、转发的过程；最后，分析路由表的结构和作用。

3 实验原理

3.1 IP 报文格式

如图 2.12 所示，IP 数据报由首部和数据两部分组成。

图 2.12 IP 数据报

首部又分为两部分，前一部分是固定长度的，必不可少，共 20B；后一部分是一些可选字段，如图 2.13 所示。

图 2.13 IP 数据报首部

3.2 IP 地址的编址方法

IP 地址是给每个连接在因特网上的主机分配一个全球范围内的唯一的 32 位标志符。IP 地址的编址方法共经历过三个阶段。

首先，第一阶段是分类的 IP 地址，这是一种基于分类的两极 IP 地址的编址方法。IP 地址被分为网络号＋主机号。由于 IP 地址空间的利用率较低，路由表变得太大以及两级的 IP 地址不够等原因导致了地址掩码的引入。进入了划分子网的第二个阶段，采用网络号＋子网号＋主机号的三级 IP 地址的编址方法；然后，根据第二个阶段的问题，提出了无分类域间路由选择 CIDR 的第三阶段编址方法。IP 地址采用网络前缀＋主机号的编址方式。

目前，CIDR 是应用最广泛的编址方法，它消除了传统的 A 类、B 类、C 类地址和划分子网的概念，提高了 IP 地址资源的利用率，并使得路由聚合的实现成为可能。

3.3 IP 层的路由分析

数据报文在网络中的传输主要分为主机发送和路由器转发两种。主机发送数据报的方式有：直接交付和间接交付。首先，主机将发送数据报的目的地址同自己的子网掩码进行逐位相"与"；然后判断运算结果是否等于其所在的网络地址，再将数据报直接交付分到本网络；否则，发往下一跳路由器（一般为主机的默认网关）。

路由器转发数据报的算法一般是：

（1）从收到数据报的首部提取目的 IP 地址 D。

（2）判断是否为直接交付。对与路由器直接相连的网络逐个进行检查：各网络的子网掩码和 D 逐位相"与"，看是否和相应的网络地址匹配。若匹配，则将分组进行直接交付（需要将 D 转换为物理地址，将数据报封装成帧发送出去），转发任务完成。否则直接交付，执行（3）。

（3）若路由表中有目的地址为 D 的待定主机路由，则将数据报传送给路由表中所指明的下一跳路由器；否则，执行（4）。

（4）对路由表中的每一行（目的网络地址，子网掩码，下一跳地址），将其中的子网掩码和 D 逐位相与，其结果为 N。若 N 与该行的目的网络地址匹配，则将数据报传送给该行指明的下一跳路由器；否则，执行（5）。

（5）若路由表中有一个默认路由，则将数据报传送给路由器中所指明的默认路由器；否则，执行（6）。

（6）报告转发分组出错。

因此，网络中不同网段之间的数据报文进行传输时，必须通过路由来完成。路由就是控制报文进行转发的路径信息。每一台网络层设备（比如三层交换机÷路由器）都存储着一张关于路由信息的表格，称为路由表。数据报文到达网络层设备之后，根据其目的 IP 地址查找路由表确定报文传输的最佳路径（下一跳）。然后利用网络层的协议封装数据报文，利用下层提供的服务把数据报文转发出去。

而路由表的生成可以分为静态路由和动态路由两种，对应的路由协议也有静态路由协议和动态路由协议。这部分内容将在第三章中详细介绍。

4 实验过程与报告要求

通过对教师指定文件中指定序号包分组格式的分析，如图 2.14 所示，请学生仔细观察抓包文件并写出结果。

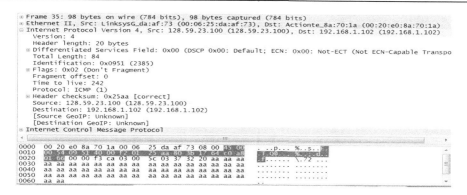

图 2.14 第 35 号示例帧

根据对 IP 分组头部的关键字段进行分析，观察：

（1）Version 字段的值是否为 4？观测所抓捕的包，首部长度的值一般都是多少？

（2）结合分组头部格式，此字段的单位是多少？

（3）TCP、UDP、ICMP 对应的协议类型值是多少？请写出。这个字段有何作用？

（4）要求在实验报告中写出理论上 IP 分组头部格式中各个字段的名称并对应地填写出该指定序号数据包，IP 分组头部具体各个字段的具体的值。

IP 分段与重组分析：根据图 2.15～图 2.17 显示的结果分析以下问题。

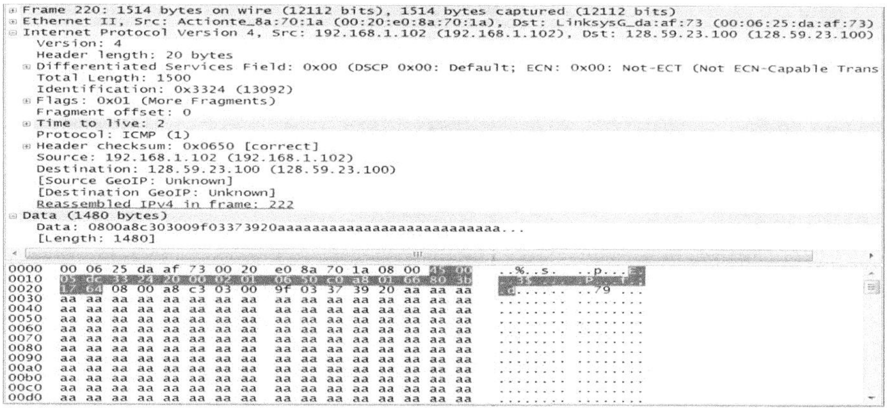

图 2.15 第 220 号示例帧

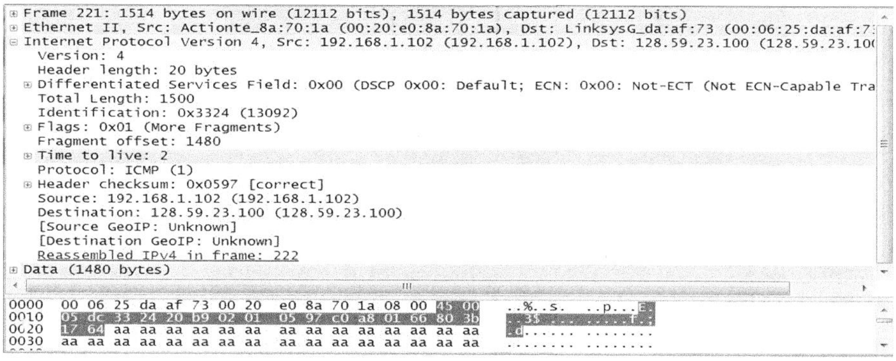

图 2.16 第 221 号示例帧

```
⊞ Frame 222: 582 bytes on wire (4656 bits), 582 bytes captured (4656 bits)
⊞ Ethernet II, Src: Actionte_8a:70:1a (00:20:e0:8a:70:1a), Dst: LinksysG_da:af:73 (00:06:25:da:af:73)
⊟ Internet Protocol Version 4, Src: 192.168.1.102 (192.168.1.102), Dst: 128.59.23.100 (128.59.23.100)
    Version: 4
    Header length: 20 bytes
  ⊞ Differentiated Services Field: 0x00 (DSCP 0x00: Default; ECN: 0x00: Not-ECT (Not ECN-Capable Transport))
    Total Length: 568
    Identification: 0x3324 (13092)
  ⊞ Flags: 0x00
    Fragment offset: 2960
    Time to live: 2
    Protocol: ICMP (1)
  ⊞ Header checksum: 0x2882 [correct]
    Source: 192.168.1.102 (192.168.1.102)
    Destination: 128.59.23.100 (128.59.23.100)
    [Source GeoIP: Unknown]
    [Destination GeoIP: Unknown]
  ⊟ [3 IPv4 Fragments (3508 bytes): #220(1480), #221(1480), #222(548)]
      [Frame: 220, payload: 0-1479 (1480 bytes)]
      [Frame: 221, payload: 1480-2959 (1480 bytes)]
      [Frame: 222, payload: 2960-3507 (548 bytes)]
      [Fragment count: 3]
      [Reassembled IPv4 length: 3508]
      [Reassembled IPv4 data: 0800a8c303009f03373920aaaaaaaaaaaaaaaaaaaaaaaa...]
⊞ Internet Control Message Protocol
```

图 2.17　第 222 号示例帧

观测给定的捕获文件中指定序号的帧，试写出：

（1）一般情况下，不同的分组其 ID 值是否相同？分片后的各个分片的 ID 值是多少？

（2）观测前 2 个分片的 Flag 字段值为多少？观察对应的十六进制原始数据看看 MF 的值是多少？是否还有更多分片？

（3）某帧的 Flag 字段值为多少？表示什么意思？

（4）三个帧的片偏移量字段对应的所填内容分别是多少？说明它们在源分组中的起始位置分别是多少？为什么要设置片偏移量字段？请解释。

（5）观测 IP 选项字段

（6）用 Ping 命令。向远程主机发送记录路径的分组，例如：

Ping -r jc.nuaa.edu.cn

选项部分 Code 字段的值是多少？看结果的指针选项以及值的表示。阅读 RFC791，IP 定义的选项类型还有哪些？

实验四　ICMP 协议分析

1　实验内容

通过在不同环境下执行 Ping 命令来截获报文，分析不同类型 ICMP 报文，理解其具体含义。

2　实验目的

分析 ICMP 报文格式和协议内容并了解其应用。

3　实验原理

3.1　ICMP 简介

ICMP（Internet Control Message Protocol）是因特网控制报文协议 RFC792 的缩写，是因特网的标准协议。ICMP 允许路由器或主机报告差错情况和提供有关信息，用以调试，监视网络。在网络中，ICMP 报文将作为 IP 层数据报的数据，封装在 IP 数据报中进行传输，如图 2.18 所示。但 ICMP 并不是高层协议，而仍被视为网络层协议。

图 2.18 ICMP 报文

3.2 ICMP 报文格式

由于 ICMP 报文的类型很多,且各自又有各自的代码,因此,ICMP 并没有一个统一的报文格式以供全部 ICMP 信息使用,不同的 ICMP 类别分别有不同的报文字段。

ICMP 报文只是在前 4B 有统一的格式,共有类型,代码和校验和 3 个字段。接着的 4B 的内容与 ICMP 报文的类型有关,再后面的数据字段的长度取决于 ICMP 报文的类型。以回送请求或应答报文为例,其 ICMP 报文格式如图 2.19 所示。

0	8	16	31
类型(8/0)	代码(0)	校验和	
标识		序列号	
数据部分			

图 2.19 回送请求和应答报文格式

其中,类型字段表示 ICMP 报文的类型,代码字段是为了进一步区分某种类型的几种不同情况,校验和字段用来检验整个 ICMP 报文。

3.3 ICMP 报文的分类

ICMP 报文的种类可以分为 ICMP 差错报告报文和 ICMP 询问报文两种,它们各自对应的报文类型及代码见表 2-1。

表 2-1　　　　　　　ICMP 报文的分类及各自对应的报文类型和代码

ICMP 报文种类	类型的值	ICMP 报文的类型
差错报告报文	3	终点不可达
	4	源站抑制(source quench)
	11	超时
	12	参数问题
	5	路由重定向(redirect)
询问报文	8 或 10	回送(echo)请求或应答
	13 或 14	时间戳(time stamp)请求或应答
	17 或 18	地址掩码(address mask)请求或应答
	10 或 9	路由器询问(router solicitation)或通告

ICMP 差错报告报文主要有终点不可达、源站抑制、超时、参数问题和路由重定向 5 种。实验中主要涉及终点不可达和超时两种。其中,终点不可达报文中需要区分的不同情况较多,对应的代码列表见表 2-2。

表 2-2　　　　　　　　　　　　　　ICMP 类 型

代码	描 述	处理方法	代码	描 述	处理方法
0	网络不可达	无路由到达主机	8	源主机被隔离（作废不用）	无路由到达主机
1	主机不可达	无路由到达主机	9	目的网络被强制禁止	无路由到达主机
2	协议不可达	连接被拒绝	10	目的主机被强制禁止	无路由到达主机
3	端口不可达	连接被拒绝	11	由于服务类型 TOS，网络不可达	无路由到达主机
4	需要进行分片但设置了不分片位	报文太长	12	由于服务类型 TOS，网络不可达	无路由到达主机
5	源站选路失败	无路由到达主机	13	由于过滤，通信被强制禁止	（忽略）
6	目的网络不认识	无路由到达主机	14	主机越权	（忽略）
7	目的主机不认识	无路由到达主机	15	优先权中止生效	（忽略）

其中，较常见的是前 5 种。

ICMP 询问报文有回送请求和应答、时间戳请求和应答、地址掩码请求和应答以及路由器询问和通告 4 种。ICMP 回送请求报文是由主机或路由器向一个特定的目的主机发出询问，收到此报文机器必须给源主机发送 ICMP 回送应答报文。Ping 命令就是基于它的一个广泛而重要的应用，其报文格式如图 2.20 所示。ICMP 时间戳请求报文是请某个主机或路由器应答当前的日期和时间。可用来进行时钟同步和测量时间。

```
0               8              16                              31
+---------------+---------------+-------------------------------+
|  类型 (13/14) |    代码 (0)   |            校验和             |
+---------------+---------------+-------------------------------+
|            标识               |           序列号              |
+-------------------------------+-------------------------------+
|                        数据部分                               |
+---------------------------------------------------------------+
```

图 2.20　时间戳请求和应答报文格式

主机使用 ICMP 地址掩码请求报文可从子网掩码服务器得到某个接口的地址掩码。其报文格式如图 2.21 所示，报文长度不少于 20B。

```
0               8              16                              31
+---------------+---------------+-------------------------------+
|  类型 (17/18) |    代码 (0)   |            校验和             |
+---------------+---------------+-------------------------------+
|            标识               |           序列号              |
+-------------------------------+-------------------------------+
|                        数据部分                               |
+---------------------------------------------------------------+
```

图 2.21　地址掩码请求和应答报文格式

4　实验步骤与报告要求

观察教师指定序号的一对帧，即 ICMP 回显请求以及应答消息，看各个字段的值分别是多少，再填入实验报告。分析此对帧，它们的请求以及应答的标识符、序号以及数据是否相等？结果如图 2.22 和图 2.23 所示。

【实验步骤】（1）观测示例帧第 33 号和第 35 号帧，分析各个字段的含义，并在实验报告上按要求写清楚有 ICMP 报文的格式示意图，以及各个字段对应值及其含义。

（2）写出 Ping 程序利用 ICMP 的实现原理和具体步骤做法。

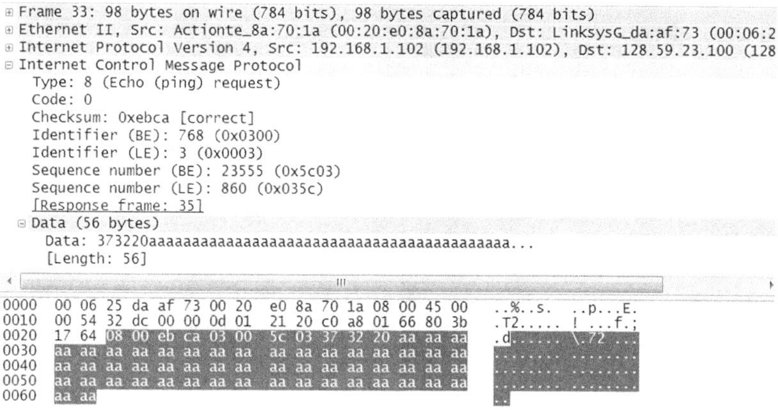

图 2.22　第 33 号示例帧

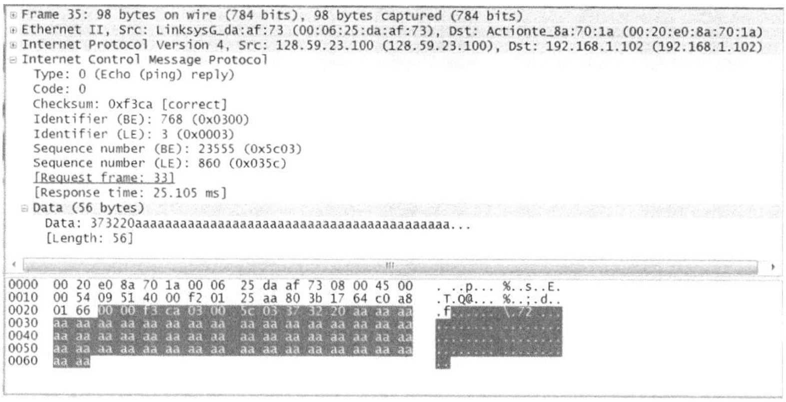

图 2.23　第 35 号示例帧

实验五　TCP 协 议 分 析

1　实验内容
（1）TCP 协议基本分析。
（2）TCP 流量控制和拥塞控制。

2　实验目的
理解 TCP 报文首部格式和字段的作用，TCP 连接的建立和释放过程，TCP 数据传输中编号与确认的过程。

3　实验内容
应用 TCP 应用程序传输文件，截取 TCP 报文，分析 TCP 报文首部信息、TCP 连接的建立和释放过程、TCP 数据的编号与确认机制。

4　实验原理
TCP 协议是传输控制协议（Transfer Control Protocol）的简称。TCP 协议工作在网络层协议之上，是一个面向连接的、端到端的、可靠的传输层协议。

4.1 TCP 的报文格式

TCP 的报文段分为首部和数据两部分，如图 2.24 所示。

| IP首部 | TCP首部 | TCP数据部分 |

图 2.24 TCP 报文段的总体结构

TCP 的报文段首部又分为固定部分和选项部分，固定部分共 20B。如图 2.25 所示，主要字段有源端口、目的端口、序号、确认号、**数据偏移**、保留、**码元比特**、窗口、校验和、紧急指针、选项和填充字段，各字段的含义参见教材。正是这些字段作用的有机结合，实现了 TCP 的全部功能。

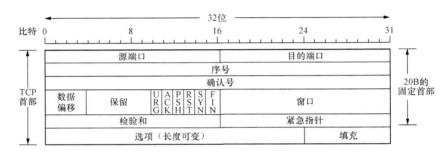

图 2.25 TCP 报文段的首部

TCP 协议采用运输连接的方式传送 TCP 报文，运输连接包括连接建立、数据传送和连接释放三个阶段。

4.1.1 TCP 连接的建立

TCP 连接的建立采用三次握手（Three-way Handshake）方式。

首先，主机 A 的 TCP 向主机 B 的 TCP 发出连接请求报文段，其首部的同步位 SYN 置为 1，同时选择一个序号 x，表明在后面传送数据时的第一个数据字节的序号是 x+1，如图 2.26 所示。

图 2.26 TCP 连接的建立

然后，主机 B 的 TCP 收到连接请求报文段后，若同意，则发回确认。在确认报文段中应将 SYN 和 ACK 都置 1，确认号应为 x+1，同时也为自己选择一个序号 y。

最后，主机 A 的 TCP 收到 B 的确认后，要向 B 发回确认，其 ACK 置 1，确认号为 y+1，而自己的序号为 x+1。TCP 的标准规定，SYN 置 1 的报文段要消耗掉一个序号。同时，运行客户进程的主机 A 的 TCP 通知上层应用进程，连接已经建立。当主机 A 向 B 发送第一个数据报文段时，其序号仍为 x+1，因为前一个确认报文段并不消耗序号。

当运行服务器进行主机 B 的 TCP 收到主机 A 的确认后，也通知其上层应用进程，连接已经建立。

另外，在 TCP 连接的建立过程中，还利用 TCP 报文段首部的选项字段进行双方最后最大报文段长度 MSS（Maximum Segment Size）协商，确定报文段数据字段的最大长度。双方都将自己能够支持的 MSS 写入选项字段，比较之后，取较小的值赋给 MSS，并应用于数据传送阶段。

4.1.2 TCP 数据的传送

为了保证 TCP 传输的可靠性，TCP 协议采用面向字节的方式，将报文段的数据部分进行编号，每一个字节对应一个序号，并在连接建立时，双方商定初始序号。在报文段首部，序号字段和数据部分长度可以确定发送方传送数据的每一个字节的序号，确认号字段则表示接收方希望下次收到的数据第一个字节的序号，即表示这个序号之前的数据字节均已收到。这样，既做到了可靠传输，又做到了全双工通信。

当然，数据传送阶段有很多非常复杂的问题和情况，如流量控制、拥塞控制、重传控制等，这些内容将在后面章节中介绍。

4.2 TCP 连接的释放

在数据传输结束后，通信的双方都可以发出释放连接的请求。TCP 连接的释放采用四次握手方式。

首先，设图 2.27 中主机 A 的应用进程先向其 TCP 发出释放连接请求，并且不再发送数据。TCP 通知对方要释放从 A 到 B 这个方向的连接，将发往主机 B 的 TCP 报文段首部的终止位 FIN 置 1，其序号 x 等于前面已传送过的数据的最后一个字节的序号加 1。

主机 B 的 TCP 收到释放连接通知后即

图 2.27 TCP 连接释放过程

发出确认，其序号为 y，确认号为 x+1，同时通知高层应用进程，如图 2.27 中的箭头①。这样，从 A 到 B 的连接就被释放了，连接处于半关闭（half-close）状态，相当于主机 A 对主机 B 说：“我已经没有数据要发送了。但你如果还发送数据，我仍接收。”此后，主机 B 不再接收主机 A 发来的数据。但若主机 B 还有一些数据要发往主机 A，则可以继续发送（这种情况很少）。主机 A 只要正确地收到数据，仍应向主机 B 发送确认。若主机 B 不再向主机 A 发送数据，其应用进程就通知 TCP 释放连接，如图 2.27 中的箭头②。主机 B 发出的连接释放报文段必须将终止位 FIN 和确认位 ACK 置 1，并使其序号仍为 y（因为前面发送的确认报文段不消耗序号），但还必须重复上次已发送过的 ACK=x+1。主机 A 必须对此发出确认，将 ACK 置 1，ACK=y+1，而自己的序号是 x+1，因为根据 TCP 标准，前面发送过的 FIN 报文段要消耗一个序号。这样把 B 到 A 的反方向连接释放掉。主机 A 的 TCP 再向其应用进程报告，整个连接已经全部释放。

5 实验过程及报告要求

根据图 2.28～图 2.31 所示的结果分析：

（1）观察有关 TCP 的连接管理与释放连接的过程，并写出过程图。

```
7 17.444423  192.168.1.105    128.119.245.12   TCP   62 nim > http [SYN] Seq=0 Win=64240 Len=0 MSS=1460 SACK_PERM=1
8 17.465902  128.119.245.12   192.168.1.105    TCP   62 http > nim [SYN, ACK] Seq=0 Ack=1 Win=5840 Len=0 MSS=1460 SACK_PER
9 17.465927  192.168.1.105    128.119.245.12   TCP   54 nim > http [ACK] Seq=1 Ack=1 Win=64240 Len=0
10 17.466468 192.168.1.105    128.119.245.12   HTTP  686 GET /ethereal-labs/HTTP-ethereal-lab-file3.html HTTP/1.1
```

图 2.28 抓捕到的帧

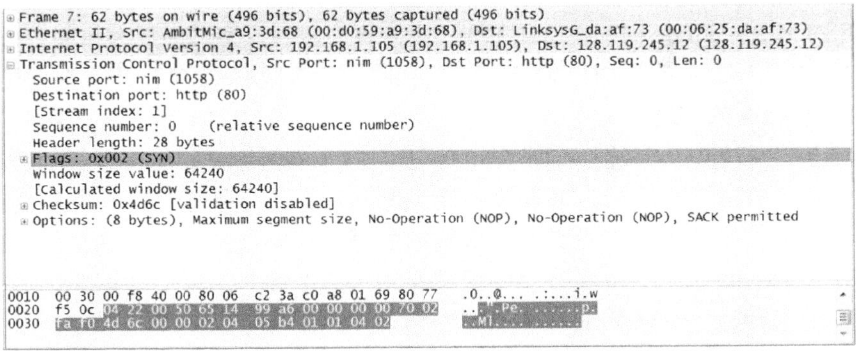

图 2.29　第 7 号帧示意图

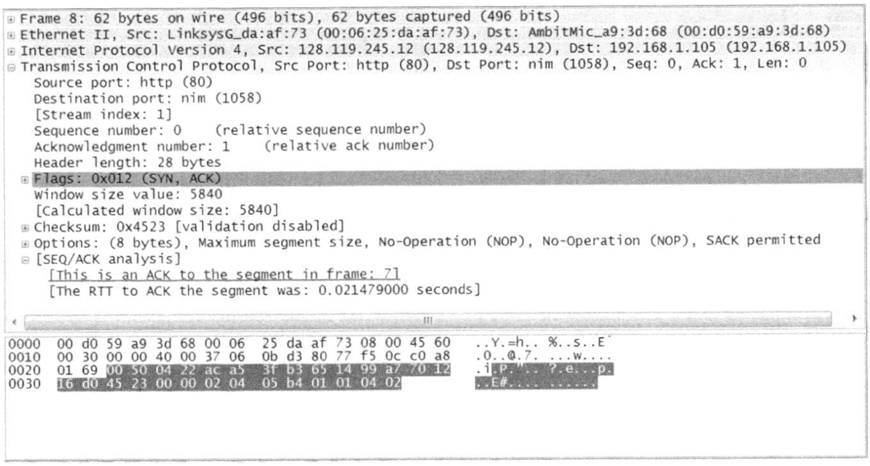

图 2.30　第 8 号帧示意图

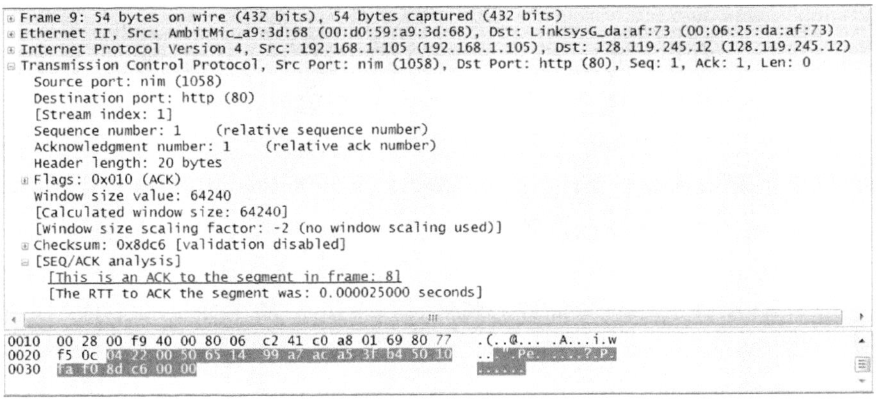

图 2.31　第 9 号帧示意图

（2）将捕捉到的相应第 10 号帧 HTTP 分组序列进行分析。用 Analyze 菜单中的 Follow TCP Stream 命令，看能出现什么分析结果。观察试验结果，浏览器运行的 HTTP 版本号是多少，请求的页面所在服务器返回客户端的状态代码是多少？浏览器向服务器指出它能接收何种语言版本的对象。

6　综合思考题

由图 2.32 所示可知某主机的 MAC 地址为 00-15-C5-C1-5E-28，IP 地址为 10.2.128.100（私有地址）。如图 2.33 所示是实际数据内容，是该主机进行 Web 请求的 1 个以太网数据帧前 80B 的十六进制及 ASCII 码内容。

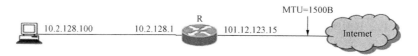

图 2.32　拓扑图

0000	00	21	27	21	51	ee	00	15	c5	c1	5e	28	08	00	45	00	.!'!Q....^(..E.
0010	01	ef	11	3b	40	00	80	06	ba	9d	0a	02	80	64	40	aa	...;@... .....d@.
0020	62	20	04	ff	00	50	e0	e2	00	fa	7b	f9	f8	05	50	18	b...P.. ..{...P.
0030	fa	f0	1a	c4	00	00	47	45	54	20	2f	72	66	63	2e	68	......GE T /rfc.h
0040	74	6d	6c	20	48	54	54	50	2f	31	2e	31	0d	0a	41	63	tml HTTP/1.1..Ac

图 2.33　以太网的数据帧（前 80B）

请参考图中的数据回答以下问题：

（1）Web 服务器的 IP 地址是什么？该主机的默认网关的 MAC 地址是什么？

（2）该主机在构造图的数据帧时，使用什么协议确定目的 MAC 地址？封装该协议请求报文的以太网帧的目的 MAC 地址是什么？

（3）假设 HTTP/1.1 协议以持续的非流水线方式工作，一次请求—响应时间为 RTT，rfc.html 页面引用了 5 个 JPEG 小图像，则从发出图 2.32 中的 Web 请求开始到浏览器收到全部内容为止，需要多少个 RTT？

（4）该帧所封装的 IP 分组经过路由器 R 转发时，需修改 IP 分组头中的哪些字段？

注：以太网数据帧结构和 IP 分组头结构分别如图 2.34、图 2.35 所示。

6B	6B	2B	46-1500B	4B
目的MAC地址	源MAC地址	类型	数据	CRC

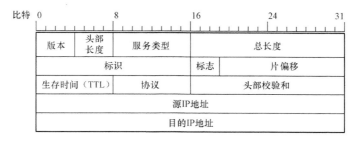

图 2.34　以太网帧结构

图 2.35　IP 分组头结构

答案：（1）IP 地址 64.170.98.32；MAC 地址 00-21-27-21-51-ee。

以太网帧头部 6+6+2=14B，IP 数据报首部目的 IP 地址字段前有 4×4=16B，从以太网数据帧第一字节开始数 14+16=30B，得目的 IP 地址 40 aa 62 20（十六进制），转换为十进制得

64.170.98.32。以太网帧的前 6B 00-21-27-21-51-ee 是目的 MAC 地址，本题中即为主机的默认网关 10.2.128.1 端口的 MAC 地址。

（2）ARP；FF-FF-FF-FF-FF-FF。ARP 协议解决 IP 地址到 MAC 地址的映射问题。主机的 ARP 进程在本以太网上以广播的形式发送 ARP 请求分组，在以太网上广播时，以太网帧的目的地址为全 1，即 FF-FF-FF-FF-FF-FF。

（3）6。HTTP/1.1 协议以持续的非流水线方式工作时，服务器在发送响应后仍然在一段时间内保持这段连接，客户机在收到前一个响应后才能发送下一个请求。第一个 RTT 用于请求 Web 页面，客户机收到第一个请求的响应后（还有 5 个请求未发送），每访问一次对象就用去一个 RTT。故共 1+5=6 个 RTT 后浏览器收到全部内容。

（4）源 IP 地址 0a 02 80 64 改为 65 0c 7b 0f。

首先，题目中已经说明 IP 地址 10.2.128.100 是私有地址。所以经过路由器转发源 IP 地址是要发生改变的，即变成 NAT 路由器的一个全球 IP 地址（一个 NAT 路由可能不止一个全球 IP 地址，随机选一个即可，而本题只有一个）。也就是将 IP 地址 10.2.128.100 改成 101.12.123.15。计算得出，源 IP 地址字段 0a 02 80 64（在第一问的目的 IP 地址字段往前数 4B 即可）需要改为 65 0c 7b 0f。另外，IP 分组每经过一个路由器，生存时间都需要减 1，结合 47-d 和 47-b 可以得到初始生存时间字段为 80，经过路由器 R 之后变为 7f，当然还得重新计算首部校验和。最后，如果 IP 分组的长度超过该链路所要求的最大长度，IP 分组报就需要分片，此时 IP 分组的总长度字段、标志字段、片偏移字段都是需要发生改变的。

▶ 普通高等教育"十二五"系列教材

中 级 篇

第三章 路由器的基础配置与使用

实验一 熟悉使用 Packet Tracer

1 实验内容

常用模拟工具的使用及配置的基本命令。

2 实验目的

初步使用 Packet Tracer，熟悉并了解交换机和路由器的几种配置模式，掌握交换机与路由器的基本配置方法与命令。

3 实验原理

Packet Tracer 5.3 简介

Packet Tracer 5.3 界面如图 3.1 所示，中间的白色工作区显示得非常明白，工作区上方是菜单栏和主工具栏，工作区下方是网络设备、计算机、连接栏，工作区右侧为设备工具栏。

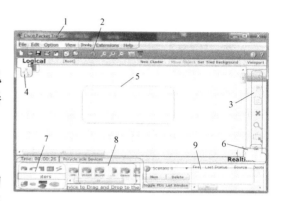

图 3.1 界面介绍

具体各界面的功能见表 3-1。

表 3-1 Packet Tracer 5.3 基本界面介绍

序号	名称	说明
1	菜单栏	此栏中有文件、编辑、选项、查看、工具、扩展和帮助按钮，在此可以找到一些基本的命令，如打开、保存、打印和选项设置，还可以访问活动向导
2	主工具栏	此栏提供了文件按钮中命令的快捷方式
3	设备工具栏	此栏提供了设备的添加、删除及添加文本标签、数据包等工具
4	工作区	此区域可供创建网络拓扑，监视模拟过程查看各种信息和统计数据
5	网络设备库	该库包括设备类型库和特定设备库
6	实时/模拟转换栏	可以通过此栏中的按钮完成实时模式和模拟模式之间的转换。 实时模式：默认模式。提供实时的设备配置和 Cisco IOS CLI（Command Line Interface）模拟。 模拟模式：Simulation 模式用于模拟数据包的产生、传递和接收过程，可逐步查看
7	设备类型库	此库包含不同类型的设备，如路由器、交换机、HUB、无线设备、连线、终端设备和网云等
8	特定设备库	此库包含不同设备类型中不同型号的设备，它随着设备类型库的选择级联显示
9	用户数据包窗口	此窗口管理用户添加的数据包

Packet Tracer 的使用方法及简单步骤：①在设备工具栏内先找到要添加设备的大类别，然后从该类别的设备中寻找添加自己想要的设备。②单击设备，查看设备的前面板、具有的模块及配置设备。③添加连接线连接各个设备。④单击该设备进行配置。

> **注意**
>
> 思科 Packet Tracer 5.3 有很多连接线，每一种连接线代表一种连接方式，如图 3.2 所示为常用线型。控制台连接线、双绞线交叉连接线、双绞线直连连接、光缆、串行 DCE 及串行 DTE 等连接方式供选择。如果不能确定应该使用哪种连接，可以使用自动连接，让软件自动选择相应的连接方式。在设备互连时，线型的选择关系到设备间能否连通。

这些线的作用和适用情况：直通线用于不同种类设备的互连。例如：交换机与路由器，计算机与交换机，计算机与集线器等。

交叉线：线的两端分别用两种标准制作接头。用于同种设备之间的互连。例如：交换机与交换机，交换机与集线器，集线器与集线器，路由器与路由器，计算机与计算机，计算机与路由器。

串行线（DCE）：DCE 是数据通信设备，为其他设备提供时钟服务的设备。此设备通常位于链路的 WAN 接入服务提供商端，使用时需要设置时钟（clock rate）。

串行线（DTE）：DTE 是数据终端设备，从其他设备接收时钟服务并做相应调整的设备。此设备通常位于链路的 WAN 客户端或用户端。使用时不需要设置时钟（clock rate），事实上设置 clock rate 是允许的，但是不会产生任何作用。

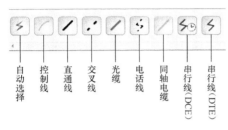

图 3.2　常用线型

> **注意**
>
> 在设备互连的过程中，最好记下不同设备之间连接时所使用的接口。

设备互连后发现有带颜色的圆点，例如，红色表示该连接线路不通，闪烁的绿色表示连接通畅，线缆两端不同颜色的圆点表示的含义见表 3-2。

表 3-2　　　　　　　　　　　　　圆点颜色与状态

链路圆点的状态	含　义
亮绿色	物理连接准备就绪，还没有 Line Protocol status 的指示
闪烁的绿色	连接激活
红色	物理连接不通，没有信号
黄色	交换机端口处于阻塞状态

【实验注意】　初期学习时需养成添加注释的好习惯。请尝试：把鼠标放在拓扑图中的设备上发现会显示当前设备信息。实际工程中配置物理设备，不能直接像 Cisco packet tracer 那样单击鼠标左键就能对设备进行配置。而对设备进行配置常用的方式有：telnet、SSH、serial 等软件，配置线一端连接计算机串口，另一端连接设备的 console 口，通过 PC 选项 desktop 的 terminal 或者 command prompt 的 telnet 连接到设备。然后才能对设备进行配置。

4　实验拓扑

实验一拓扑图如图 3.3 所示。

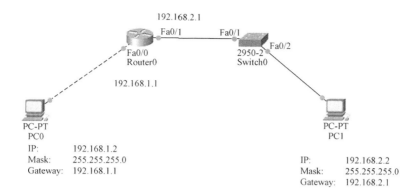

图 3.3 实验一拓扑图

5 实验步骤

首先做最基本的配置，先配置路由器两个接口的 IP 地址，观察指示圆点的颜色变化。然后配置主机。单击要配置的设备，如果是网络设备（交换机、路由器等），则在弹出的对话框中进入 Config 或 CLI 可在图形界面或命令行界面对网络设备进行配置。如果在图形界面下配置网络设备，下方会显示对应的 IOS 命令。

（1）以 Router0 配置为例，单击 Router0，弹出如图 3.4 所示的界面。

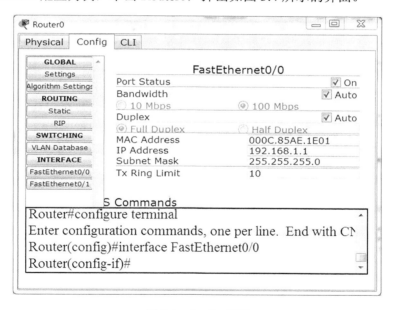

图 3.4 Config 界面

可以直接在 Config 选项卡对路由器进行端口 IP 地址配置，Fast Ethernet0/0 的 IP 地址为 192.168.1.1，子网掩码为 255.255.255.0；Fast Ethernet0/1 的 IP 地址为 192.168.2.1，子网掩码为 255.255.255.0。

（2）打开 CLI 选项卡，会出现如图 3.5 所示的路由器启动加载 IOS 的内容。

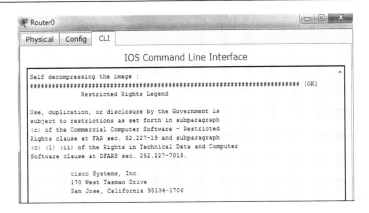

图 3.5　启动加载 IOS 的内容

然后会看到询问是否进入配置对话框，输入"no"，然后按 Enter 键，进入命令行模式：

```
Continue with configuration dialog?[yes/no]:no
Press RETURN to get started!
Router>enable
```

输入"enable"进入特权模式：

```
Router>enable
Router#
```

【实验说明】：

1）Router>。用户执行模式，仅允许数量有限的基本监控命令，常称为仅查看模式。用户执行级别不允许执行任何可能改变设备配置的命令。

2）Router#。特权执行模式（在用户执行模式下输入"enable"可进入到特权模式），若要执行配置和管理命令，需要使用特权执行模式或处于其下级的特定模式。在该模式下使用 show 命令可以显示设备的相关信息。

3）Router（config）#。全局配置模式（在特权模式下输入"configure terminal"可进入到全局配置模式），可对设备进行相关配置。

4）对上下文相关的帮助（非常有用）。对上下文相关的帮助在当前模式的上下文范围内提供一个命令列表，该列表列有一系列命令及其相关参数。在任何提示符后输入一个问号（?），系统会立即响应，无需按 Enter 键。当不确定某个命令的名称时，或想知道 IOS 在特定模式下是否支持特定命令时，就可以使用该方法。

上下文相关的帮助的另一个用处是显示以特定字符或字符组开头的命令或关键字的列表。输入一个字符序列后，如果紧接着输入问号（不带空格），则 IOS 将显示一个命令或关键字列表，列表中的命令或关键字可在此上下文环境中使用且以所输入的字符开头。

如下所示，输入"confi?"可获取一个命令列表，该列表中的命令都以字符序列 confi 开头。

```
Router#confi?
configure
Router#configure
```

最后，还有一类上下文相关的帮助用于确定哪些选项、关键字或参数可与特定命令匹配。当输入命令时，输入一个空格，紧接着再输入一个问号（？）可确定随后可以或应该输入的内容。如下所示，输入命令 show 后，可输入问号（？）以确定适用于此命令的选项或关键字：

```
Router#show?
  aaa                   Show AAA values
  access-lists          List access lists
  arp                   Arp table
  cdp                   CDP information
  class-map             Show Qos Class Map
  clock                 Display the system clock
  controllers           Interface controllers status
  crypto                Encryption module
  debugging             State of each debugging option
  dhcp                  Dynamic Host Configuration Protocol status
```

5）Tab 键的使用：填写命令或关键字的剩下部分。如果输入的缩写命令或缩写参数包含足够的字母，已经可以和当前可用的任何其他命令或参数区分开，则可使用此快捷方式填写该缩写命令或缩写参数剩下的部分。即，当已输入足够字符，可以唯一确定命令或关键字时，请按 Tab 键，CLI 即会显示该命令或参数剩下的部分。

```
Router#conf
Router#configure
```

6）向上/向下的箭头。用于在前面用过的命令的列表中向后/向前滚动。

（3）配置路由器名字

```
Router#configure terminal
Router(config)#hostname R0
```

（4）主机的 IP 地址及网关配置如图 3.6、图 3.7 所示。

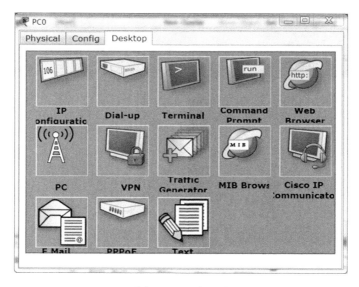

图 3.6　配置界面

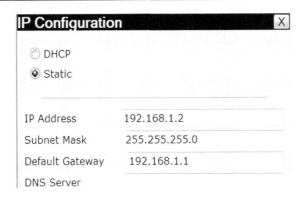

图 3.7　主机 IP 地址等配置界面

【实验说明】主机 PC0、PC1 的 IP 地址及子网掩码和网关地址都在拓扑图中有说明。

（5）配置交换机：此处的交换机上无需做任何其他设置。

6　实验调试

配置好后，使用 Ping 命令，首先是直连网段测试，然后是全网测试；在主机 PC0 上测试结果如图 3.8 所示，使用 Ping 命令，结果是通信正常。

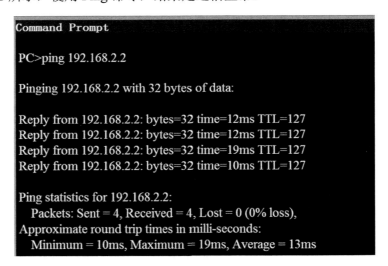

图 3.8　测试结果

【实验说明】还有另外一种测试方式，在实时模式下添加一个从 PC0-PC1 的简单数据包，结果如图 3.9 所示。

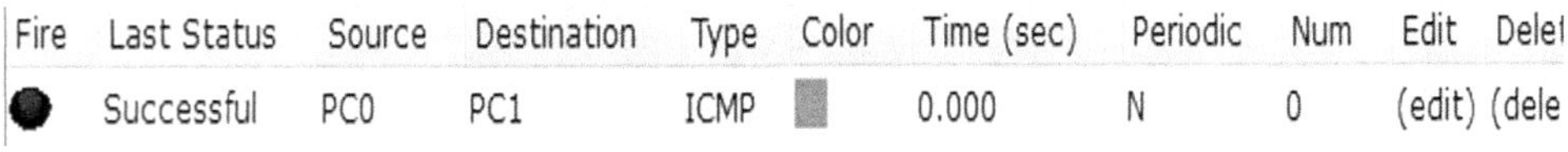

Fire	Last Status	Source	Destination	Type	Color	Time (sec)	Periodic	Num	Edit	Delet
●	Successful	PC0	PC1	ICMP		0.000	N	0	(edit)	(dele

图 3.9　Packet Tracer 界面右下角状态结果显示

观测后，再进行模拟模式切换：只需单击 Auto Capture（自动捕获），那么直观、生动的 Flash 动画即显示了网络数据包的来龙去脉。单击 Simulate mode 会出现 Event List 对话框，该对话框显示当前捕获到的数据包的详细信息，包括持续时间、源设备、目的设备、协议类型和协议详细信息，也可以双击上边框，单独拉出来观察。结果如图 3.10 所示。

单击 Edit Filters 按钮，选择只观测 ICMP 报文，单击 Router0 上的数据包，可以打开 PDU Information 对话框，在这里可以看到数据包在进入设备和出设备时 OSI 模型上的变化。结果如图 3.11 所示。

图 3.10　Evenst List　　　　　　图 3.11　Router0 PDU 内容分层显示

7　实验思考

（1）如果修改主机 B 的 IP 地址，修改为不同网段的一个 IP 地址为 10.66.1.2，再从主机 A Ping 主机 B，看是否能通。

（2）如果断开交换机与主机 B 计算机的连线，则还会产生什么测试结果？

实 验 二　路 由 器 的 基 本 配 置

1　实验内容

路由器的硬件组成与基本配置。

2　实验目的

（1）完成路由器的初始参数配置。
（2）在网络设备上进入并辨识不同的命令模式。
（3）在不同的用户界面下应用各种帮助和命令行编辑功能。
（4）查看并确认各网络设备的基本信息。

3　实验原理

3.1　路由器的硬件组成及 IOS 启动过程的介绍

路由器能起到隔离广播域的作用，还能在不同网络间转发数据包。如图 3.12、图 3.13 所示为 Cisco 2800 系列企业路由器及 Cisco 1700 系列路由器。

图 3.12　Cisco 2800 系列企业路由器　　　　图 3.13　Cisco 1700 系列路由器

路由器实际上是一台特殊用途的计算机，和常见的计算机一样，路由器由 CPU、内存和 BOOT ROM 等构成。路由器没有键盘、硬盘和显示器；然而比起计算机，路由器多了 NVRAM、FLASH ROM 及各种各样的接口。路由器各个部件的作用如下。

（1）CPU：中央处理单元和计算机一样，它是路由器的控制部件。

（2）RAM/DRAM：内存，用于存储临时的运算结果，例如，路由表、ARP 表、快速交换缓存、缓冲数据包、数据队列，以及当前配置。众所周知，RAM 中数据在路由器断电后是会丢失的。

（3）FLASH ROM：可擦除、可编程的 ROM，用于存放路由器的 IOS，FLASH ROM 的可擦除特性允许更新、升级 IOS，而不用更换路由器内部的芯片。路由器断电后，FLASH ROM 的内容不会丢失。当 FLASH ROM 容量较大时，可以存放多个 IOS 版本。

（4）NVRAM：非易失性 RAM，用于存放路由器的配置文件，路由器断电后，NVRAM 中的内容仍然保持。

（5）BOOT ROM：只读存储器，存储了路由器的开机诊断程序、引导程序和特殊版本的 IOS 软件（用于诊断等有限用途），当 ROM 中软件升级时需要更换芯片。

（6）接口（Interface）：用于网络连接，路由器就是通过这些接口进行不同的网络连接的。

具体接口类型有：①局域网接口，主要用来和内部局域网连接。一般是 RJ-45 的双绞线以太网接口，标注 FastEthernet 0/1 等，目前较常用的是 100 Mbit/s。另外，高级路由器还可能配备有光纤接口，以连接快速以太网或千兆以太网交换机。②广域网接口，主要用来和外部广域网连接。一般是串口（高速同步串口或同步/异步串口）。接口号由槽号/端口号组成。槽号表示该接口在路由器的哪个槽上（主板上接口的槽号为 0），端口号表示该接口在某个槽上的顺序号。③配置接口，主要用来对路由器进行配置。如图 3.14 所示。

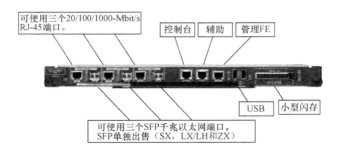

图 3.14　Cisco 7200VXR 系列路由器的接口

路由器也有自己的操作系统，通常称为 IOS（Internetwork Operating System）。和计算机上的 Windows 一样，IOS 是路由器的灵魂，所有配置是通过 IOS 完成的。Cisco 的 IOS 是命令行界面（Command Line Interface，CLI），Cisco 路由器开机后，首先执行一个开机自检过程（Power On Self Test，POST），诊断验证 CPU、内存及各个端口是否正常，紧接着路由器将进入软件初始化过程。

（1）执行 ROM 中的引导程序加载（Bootstrap Loader），它和计算机中的 BIOS 很类似，Bootstrap 会把 IOS 装到 RAM 中。

（2）IOS 可以存放在许多地方（FLASH、TFTP 服务器上或 ROM 中），路由器寻找 IOS 映像的顺序取决于配置寄存器的启动域以及其他设置。配置寄存器（Configuration Register）是一个 16 位（二进制）的寄存器，低 4 位就是启动域，不同的启动域的值代表从不同的位置查找 IOS；用于控制路由器如何启动。配置寄存器的值可以在 show version 命令输出结果的最后一行中找到，通常为 0x2102，这个值意味着路由器从闪存加载 IOS 并告诉路由器从 NVRAM 中调用配置。

（3）加载 IOS 到 RAM 中，如果 IOS 是压缩过的，就先解压。

（4）在 NVRAM 中查找配置文件，并把配置文件加载到 RAM 中运行。

（5）如果在 NVRAM 中没有找到配置文件，就进入 setup 配置模式（也称为配置对话模式）。

3.2 路由器的基本功能

路由器实际上就是一种用于网络互连的专用计算机，基本功能如下。

（1）协议转换。不同的路由器有不同的路由器协议，一般路由器支持多种网络协议，可以实现不同协议、不同体系结构网络之间的互连互通。

（2）寻址。路由器中的寻址动作与主机中的类似，区别在于路由器不止一个出口，所以不能通过简单配置一条默认网关解决所有数据分组转发，必须根据目的网络的不同选择对应的出口路径。

（3）分组转发。路由器的主要功能就是分组转发，在路由协议的支持下，路由器根据分组的目的地址将数据包从最合适的端口转发出去，从而实现远程的互连互通。路由器工作在 OSI 参考模型的网络层（第三层），其主要功能是为收到的报文寻找正确的路径并把它们转发出去。

3.3 路由器的配置方式

如图 3.15 所示为路由器多种配置方式。

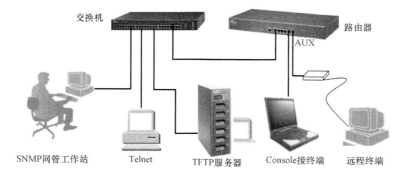

图 3.15　路由器的多种配置方式

4 实验拓扑

如图 3.16、图 3.17 所示为路由器配置和访问。

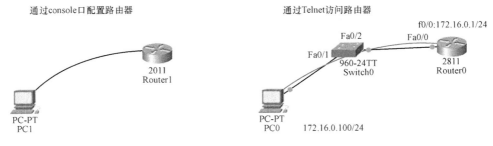

图 3.16 通过 console 口配置路由器　　　图 3.17 通过 Telnet 访问路由器

5 实验步骤

（1）通过 console 口配置路由器（实验拓扑图见图 3.16）。配置 R1 的接口 F0/0 的 IP 地址，并且打开接口，注意，默认时所有路由器的接口都是关闭的，与交换机不同。所以需要使用 no shutdown 命令。终端所示配置过程如图 3.18 所示。

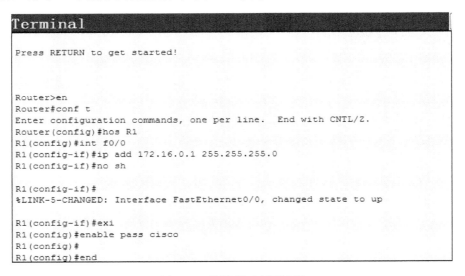

图 3.18 终端所示配置过程

（2）通过 Telnet 远程访问路由器（实验拓扑图见图 3.17）。

```
Router#conft
Enter configuration commands,one per line. End with CNTL/Z.
Router(config)#line vty 04
Router(config-line)#password cisco
Router(config-line)#login
Router(config-lin)#exi
Router(config)#
```

在主机上 Ping 通后，直接登录，访问路由器，输入登录密码即可看到配置界面，如图 3.19 所示。

```
PC>telnet 172.16.0.1
Trying 172.16.0.1 ...Open


User Access Verification

Password:
Router>en
Password:
Router#conf t
Enter configuration commands, one per line.  End with C
Router(config)#hos R1
R1(config)#end
R1#
```

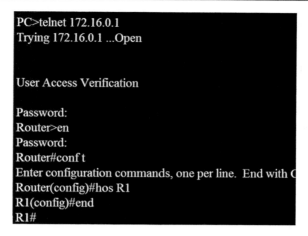

图 3.19　Telnet 登录成功

实验三　IOS 各种基本配置命令

1　实验内容

串行链路的配置。

2　实验目的

（1）学习添加模块的方法。

（2）学习串行链路的配置方法。

3　实验拓扑图

如图 3.20 所示为两个路由器各自的配置信息。

图 3.20　实验三拓扑图

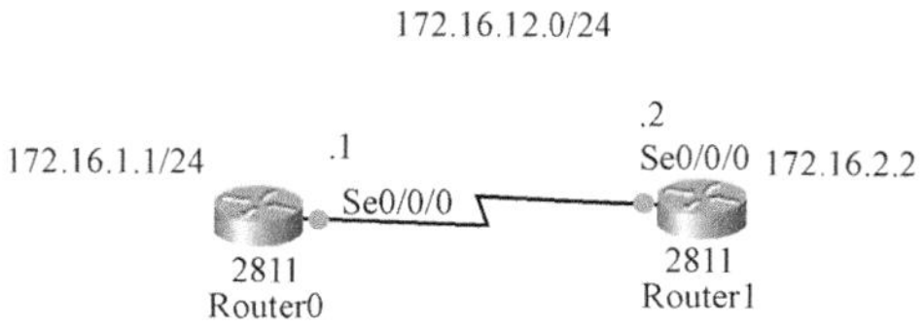

4　实验步骤

（1）关闭电源，拖拽带有串口的模块，再打开电源开关，观察在 config 选项卡里接口项的变化。

（2）配置路由器 R1，R2。

R1 上的配置：

```
Router>en
Router#conf t
Router(config)#hostname R1
R1(config)#int s0/0/0
R1(config-if)#clock rate 64000
R1(config-if)#ip add 172.16.12.1 255.255.255.0
R1(config-if)#no shut
```

R2 上的配置：

```
Router>en
Router#conf t
Router(config)#hostname R2
R2(config)#int s0/0/0
R2(config-if)#ip add 172.16.12.2 255.255.255.0
```

```
R2(config-if)#no shut
```

【实验说明】 路由器接口名称表示方式为<接口类型><插槽号><接口号>；

接口类型，如串口 Serial，fastEthernet 表示该接口快速以太网口；接口号是从零开始编号的。注意，此处和交换机的端口编号不同。若是模块化的中低端路由器，接口的命名方式如为 Serial0/0 表示该接口为串口，第一个插槽模块的第一个接口（或者称第 0 号接口）。另外，路由器的串口是否为 DTE，与它所接的线有直接关系，可以用下面介绍的 sh controller 命令来查看。

（3）检查、查看命令的使用。

有些命令，如 sh ip interface brief；sh interfaces 显示所有接口的详细信息，还有命令可以显示端口为 DCE，配置的时钟等信息，如下所示：

```
R1#show contr
R1#show controllers s0/0/0
Interface Serial0/0/0
Hardware is PowerQUICC MPC860
DCE V.35,clock rate 64000
……
```

5 实验调试

```
R1#ping 172.16.12.2

Type escape sequence to abort.
Sending 5,100-byte ICMP Echos to 172.16.12.2,timeout is 2 seconds:
!!!!!
Success rate is 100 percent (5/5),round-trip min/avg/max = 31/31/32 ms
```

6 实验思考

请同学们查阅资料，查看如何配置登录时的欢迎信息及如何保存配置信息。

实验四　配置文件管理和 IOS 管理

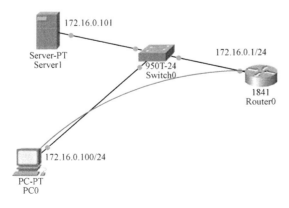

图 3.21　实验四拓扑图

1 实验内容
（1）备份配置文件到 TFTP 服务器。
（2）恢复配置文件。
（3）备份 IOS 及升级。

2 实验目的
掌握上述内容的配置方法。

3 实验拓扑图
如图 3.21 所示为实验拓扑图和基本配置信息。

4 实验步骤
4.1 备份配置文件到 TFTP 服务器
（1）设置 IP 地址等内容，并最终确定路由器到主机之间能正常通信，然后使用 write 命令保存前面的所有配置。

```
R1#ping 172.16.0.100
R1#ping 172.16.0.101
R1#wr
```

（2）备份配置文件到 tftp，采用命令 copy running-config tftp：

```
R1#copy running-config tftp
Address or name of remote host []?  172.16.0.101
Destination filename [R1-confg]?
//这里采用默认的名字,所以直接按 Enter 键即可。
Writing running-config...!!
[OK - 549 bytes]
549 bytes copied in 0.125 secs (4000 bytes/sec)
```

（3）双击服务器，打开 TFTP 标签，如图 3.22 所示，可以查看到该文件已经被备份。

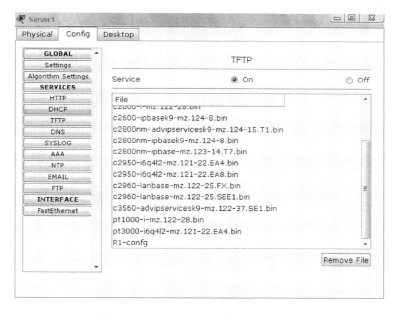

图 3.22　查看 Server 上是否已有该文件

【实验说明】　也可以采用如下方式：使用 sh run 命令，将显示结果复制、粘贴在写字板中；命名文件的名称为：路由器的名字-confg，本例就是 R1-confg，然后把该文件存放于本地。

4.2　恢复

具体操作时，全部可以先使用 erase startup-config 命令；然后使用 reload 命令，之后采用重新恢复的方式。恢复时，可以采用如下两种方式：从 TFTP 服务器上进行恢复；另一种就是从本地文件的保存内容直接复制，在全局配置模式下粘贴。

【实验注意】　两种方式恢复后，第一种方式需要手动将接口打开并且重新配置 IP 地址；第二种方式是只要重新打开接口即可，不用再配置 IP 地址。

方法一使用命令 copy tftp running-config，从 TFTP 服务器上进行恢复。部分命令如下：

```
R1#erase startup-config
//确认删除后,再重启路由器;
R1#reload
......
R1#copy tftp run
R1#copy tftp running-config
Address or name of remote host []? 172.16.0.101
Source filename []? R1-confg
Destination filename [running-config]?

Accessing tftp://172.16.0.101/R1-confg…
Loading R1-confg from 172.16.0.101:!
[OK - 549 bytes]

549 bytes copied in 0.062 secs (8854 bytes/sec)
```

方法二用 erase start 命令删除原有的配置文件,然后进行恢复。将保存在本地的文件 R1-confg 的内容进行直接复制。

```
R1#erase startup-config
Erasing the nvram filesystem will remove all configuration files! Continue? [confirm]
[OK]
Erase of nvram:complete
R1#sh start
startup-config is not present
R1#reload
```

然后进入全局配置模式,将复制的文件内容直接粘贴进来即可。

......

之后使用查看命令

```
R1#sh run
......
```

可以查看到最终恢复后的结果和之前的显示内容一致。

4.3 IOS 的备份及升级

(1)首先用命令查看 IOS 的文件名称等信息,并将其记录下来。

```
R1#sh flash:

System flash directory:
File  Length   Name/status
 4    33591768 c1841-advipservicesk9-mz.124-15.T1.bin
[33591768 bytes used,30424616 available,64016384 total]
63488K bytes of processor board System flash (Read/Write)
```

或者也可以用 dir 命令来查看。

例如:R1#dir

(2)备份该 IOS 文件到 TFTP 服务器上。

```
R1#copy flash:tftp:
Source filename []? c1841-advipservicesk9-mz.124-15.T1.bin
//然后记下 IOS 的文件名称：c1841-advipservicesk9-mz.124-15.T1.bin

Address or name of remote host []? 172.16.0.101
Destination filename [c1841-advipservicesk9-mz.124-15.T1.bin]?

Writing c1841-advipservicesk9-mz.124-15.T1.bin....!!!!!!!!!!!!!!!!!!!!!
!!!!!!!!!!!!!!!!!!!!!!!!!!!!!!!!!!!!!!!!!!!!!!!!!!!!!!!!!!!!!!!!!!!!!!!!
!!!!!!!!!!!!!!!!!!!!!!!!!!!!!!!!!!!!!!!!!!!!!!!!!!!!!!!!!!!!!!!!!!!!!!!!
!!!!!!!!!!!!!!!!!!!!!!!!!!!!!!!!!!!!!!!!!!!!!!!!!!!!!!!!!!!!!!!!!!!!!!!!
!!!!!!!!!!!!!!!!!!!!!!!!!!!!!!!!!!!!!!!!!!!!!!!!!!!!!!!!!!!!!!!!!!!!!!!!
!!!!!!!!!!!!!!!!!!!!!!!!!!!!!!!!!!!!!!!!!!!!!!!!!!!!!!!!!!!!!!!!!!!!!!!!
!!!!!!!!!!!!!!!!!!!!!!!!!!!!!!!!!!!!!!!!!!!!!!!!!!!!!!!!!!!!!!!!!!!!!!!!
!!!!!!!!!!!!!!!!!!!!!!!!!!!!!!!!!!!!!!!!!!!!!!!!!!!!!!!!!!!!!!!!!!!!!!!!
!!!!!!!!!!!!!!!!!!!!!
[OK - 33591768 bytes]

33591768 bytes copied in 41.125 secs (816000 bytes/sec)
```

（3）打开 server 的 config 界面，查看 IOS 是否备份。

（4）假设此时不慎删除 IOS（在不重启和不断电的情况下可以做如下恢复）。

```
R1#del flash
Delete filename []?
?File name not specified
%Error parsing flash:(No such file or directory)

R1#del flash
Delete filename []?c1841-advipservicesk9-mz.124-15.T1.bin
Delete flash:/c1841-advipservicesk9-mz.124-15.T1.bin? [confirm]
```

（5）IOS 的恢复或升级：

R1#copy tftp: flash: //这一步骤必须是在路由器还能正常开机工作的情况才行；即原 IOS 是可以正常工作的；

```
Address or name of remote host []? 172.16.0.101
Source filename []? c1841-advipservicesk9-mz.124-15.T1.bin
Destination filename [c1841-advipservicesk9-mz.124-15.T1.bin]?
%Warning:There is a file already existing with this name
Do you want to over write? [confirm]
Erase flash:before copying? [confirm]
Erasing the flash filesystem will remove all files! Continue? [confirm]
Erasing device... eeeeeeeeeeeeeeeeeeeeeeeeeeeeeeeeeeeeeeeeeeeeeeeeeee
eeeeeeeeeeeeeeeeeeeeeeeeeeeeeeeeeeeeeeeeeeeeeeeeeeeeeeeeeeeeeeeeeeeeeeee
eeeeeeee ...erased
Erase of flash:complete
Accessing tftp://172.16.0.101/c1841-advipservicesk9-mz.124-15.T1.bin...
Loading c1841-advipservicesk9-mz.124-15.T1.bin from 172.16.0.101:!!!!!!!!
!!!!!!!!!!!!!!!!!!!!!!!!!!!!!!!!!!!!!!!!!!!!!!!!!!!!!!!!!!!!!!!!!!!!!!!!
```

```
[OK - 33591768 bytes]

33591768 bytes copied in 37.985 secs (92852 bytes/sec)
```

恢复或者升级成功。

4.4 路由器的密码恢复

(1) 按照上一节的实验拓扑图,先设置好路由器的密码(进入特权模式密码和远程登录密码),并且用 write 命令保存配置;可以先设置一个自己也记不住的密码,然后在后面的实验中破解该密码。

(2) 关闭路由器,再物理启动;在开机的 60s 之内,按住 Ctrl+C 或者 Ctrl+Break 键,进入如下监控模式;

```
rommon 1 >
```

(3) 设置启动加载顺序是其他,而不是从 NVRAM。

```
rommon 1 > confreg 0x2142
rommon 2 > reset
```

(4) 重新启动之后,进入路由器,首先把路由器的 nvram 中的原有配置做备份,然后去掉或者重设路由器的所有刚设置的密码。

```
R1# copy start run           //为了保有原有的一些其他设置(除密码外,还有些其他设置)
R1#conf t
R1(config)#enable secret minminer    //还有什么密码不记得了,都重新配置
R1(config)#line vty 0 4
R1(config-line)#pass minminer
R1(config-line)#login
R1r(config-line)#exi
R1(config)#int f0/0
R1(config-if)#no sh                  //一定要重新把接口打开
```

【实验注意】 这里一定要检查一下路由器的这个接口是否打开,并且保持原有 IP 地址的配置信息,这样后面才能正常登录。

(5) 再把寄存器的值恢复为 0x2102,才能保证像以前一样正常启动,正常加载 NVRAM 中的配置文件。

```
R1(config)#config-register 0x2102
R1(config)#exi
```

(6) 将前面步骤所做的配置保存在 startup-config 文件中,这样下次正常启动顺序将会加载保存在 NVRAM 中的 startup-config 文件里的新配置。如下:

```
R1#wr
Building configuration...
[OK]
R1#rel
```

（7）就可以使用在主机上 Telnet 路由设备了。实验结果如图 3.23 所示。输入新设置的密码，就发现可以正常登录该设备进行下一步配置了。

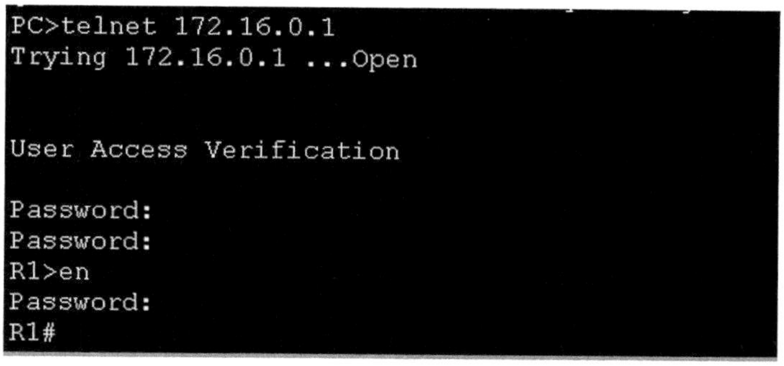

```
PC>telnet 172.16.0.1
Trying 172.16.0.1 ...Open

User Access Verification

Password:
Password:
R1>en
Password:
R1#
```

图 3.23　实验结果

第四章　交换机的配置与 VLAN、STP

实验准备知识
1　交换机的工作原理
　　交换机是第二层设备，可以隔离冲突域。交换机是基于收到的数据帧中的源 MAC 地址和目的 MAC 地址来进行工作的。交换机的作用主要有两个：一个是维护 CAM（Context Address Memory）表，该表是 MAC 地址和交换机端口的映射表；另一个是根据 CAM 表来进行数据帧的转发。交换机对帧的处理有三种：交换机收到帧后，查询 CAM 表，如果能查询到目的计算机所在的端口，并且目的计算机所在的端口不是交换机接收帧的源端口，交换机将把帧从这一端口转发出去（Forward）；如果该计算机所在的端口和交换机接收帧的源端口是同一端口，交换机将过滤掉该帧（Filter）；如果交换机不能查询到目的计算机所在的端口，交换机将把帧从源端口以外的其他所有端口上发送出去，这称为泛洪（Flood），当交换机接收到的帧是广播帧或者多播帧，交换机也会泛洪帧。
　　（1）存储转发（Store-and-Forward）。
　　（2）直接转发（Cut-Through）。
　　（3）无碎片（Fragment-Free）。
　　交换机和路由器一样，也有 CPU、RAM 等部件。也采用 IOS，所以交换机的很多基本配置（例如密码、主机名等）和路由器是类似的。虚拟局域网（Virtual Local Area Network，VLAN），是指在交换局域网的基础上，采用网络管理软件构建的可跨越不同网段、不同网络的端到端的逻辑网络。一个 VLAN 组成一个逻辑子网，即一个逻辑广播域，它可以覆盖多个网络设备，允许处于不同地理位置的网络用户加入到一个逻辑子网中。VLAN 是一种新技术，工作在 OSI 参考模型的第 2 层和第 3 层，VLAN 之间的通信是通过第 3 层的路由器来完成的。

2　VLAN 的划分方法
　　VLAN 的划分可以是事先固定的，也可以是根据所连的计算机动态改变设定。前者称为静态 VLAN，后者自然就是动态 VLAN 了。
　　静态 VLAN 又称为基于端口的 VLAN（Port Based VLAN）。顾名思义，就是明确指定各端口属于哪个 VLAN 的设定方法。
　　动态 VLAN 则是根据每个端口所连的计算机，随时改变端口所属的 VLAN。这就可以避免上述的更改设定之类的操作。
　　动态 VLAN 可以大致分为 3 类：
　　（1）基于 MAC 地址的 VLAN（MAC Based VLAN）。
　　（2）基于子网的 VLAN（Subnet Based VLAN）。
　　（3）基于用户的 VLAN（User Based VLAN）。
　　VLAN 有以下优点：
　　（1）控制网络的广播问题：每一个 VLAN 都是一个广播域，一个 VLAN 上的广播不会扩散到另一个 VLAN。

（2）简化网络管理：当 VLAN 中的用户移动位置时，网络管理员只需设置几条命令即可。

（3）提高网络的安全性：VLAN 能控制广播；VLAN 之间不能直接通信。

3 Trunk

当一个 VLAN 跨过不同的交换机时，在同一 VLAN 上却是在不同的交换机上的计算机进行通过时需要使用 Trunk。Trunk 技术使得一条物理线路可以传送多个 VLAN 数据。交换机从属于某一 VLAN（例如 VLAN 3）的端口接收到的数据，在 Trunk 链路上进行传输前会加上一个标记，表明该数据是 VLAN 3 的；到了对方交换机，交换机会把该标记去掉，只发送到属于 VLAN 3 的端口上。

有两种常见的帧标记技术：ISL 和 802.1Q。ISL 技术在原有帧上重新加了一个帧头，并重新生成了帧检验序列（FCS），ISL 是 Cisco 特有的技术，因此不能在 Cisco 交换机和非 Cisco 交换机之间使用。而 802.1Q 技术在原有帧的源 MAC 地址字段后插入标记字段，同时用新的 FCS 字段替代了原有的 FCS 字段，该技术是国际标准，得到所有厂家的支持。

Cisco 交换机之间的链路是否形成 Trunk 是可以自动协商的，这个协议称为 DTP（Dynamic Trunk Protocol），DTP 还可以协商 Trunk 链路的封装类型。

4 VTP

VTP（VLAN Trunk Protocol）提供了一种用于在交换机上管理 VLAN 的方法，该协议使得我们可以在一个或者几个中央点（Server）上创建、修改、删除 VLAN，VLAN 信息通过 Trunk 链路自动扩散到其他交换机，任何参与 VTP 的交换机都可以接收这些修改，所有交换机保持相同的 VLAN 信息。VTP 被组织成管理域（VTP Domain），相同域中的交换机能共享 VLAN 信息。根据交换机在 VTP 域中的作用不同，VTP 可以分为三种模式：①服务器模式（Server）：在 VTP 服务器上能创建、修改、删除 VLAN，同时这些信息会通告给域中的其他交换机。默认情况下，交换机是服务器模式。每个 VTP 域必须至少有一台服务器，域中的 VTP 服务器可以有多台。②客户机模式（Client）：VTP 客户机上不允许创建、修改、删除 VLAN，但它会监听来自其他交换机的 VTP 通告并更改自己的 VLAN 信息。接收到的 VTP 信息也会在 Trunk 链路上向其他交换机转发，因此这种交换机还能充当 VTP 中继。③透明模式（Transparent）：这种模式的交换机不参与 VTP。可以在这种模式的交换机上创建、修改、删除 VLAN，但是这些 VLAN 信息并不会通告给其他交换机，它也不接收其他交换机的 VTP 通告而更新自己的 VLAN 信息。然而需要注意的是，它会通过 Trunk 链路转发接收到的 VTP 通告从而充当了 VTP 中继的角色，因此完全可以把该交换机看成是透明的。

VTP 通告是以组播帧的方式发送的，VTP 通告中有一个字段称为修订号（Revision），初始值为 0。只要在 VTP Server 上创建、修改、删除 VLAN，通告的 Revision 就增加 1，通告中还包含了 VLAN 的变化信息。注意：高 Revision 的通告会覆盖低 Revision 的通告，而不管谁是 Server 还是 Client。交换机只接收比本地保存的 Revision 号更高的通告；如果交换机收到 Resivison 号更低的通告，会用自己的 VLAN 信息反向覆盖。

实验一 交换机的基本配置

1 实验内容

交换机的基本配置。

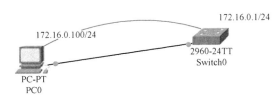

图 4.1 实验一拓扑图

2 实验目的

掌握交换机的基本配置方法。

3 实验拓扑图

如图 4.1 所示为主机与交换机的配置信息。

4 实验步骤

步骤 1：配置主机名。

```
Switch>enable
Switch#conf terminal
Enter configuration commands,one per line. End with CNTL/Z.
Switch(config)#hostname S1
```

步骤 2：配置密码。

```
S1(config)#enable secret minminer
S1(config)#line vty 0 4
S1(config-line)#password minminer
S1(config-line)#login
```

步骤 3：接口基本配置。

默认时交换机的以太网接口是开启的。对于交换机的以太网口可以配置其双工模式、速率等。

```
S1(config)#interface f0/1
switch(config-if)#duplex { full | half | auto }
```

duplex 用来配置接口的双工模式，full——全双工、half——半双工、auto——自动检测双工模式。

步骤 4：配置管理地址。

交换机也允许被 Telnet，这时需要在交换机上配置一个 IP 地址，这个地址是在 VLAN 接口上配置的。如下：

```
S1(config)#int vlan 1
S1(config-if)#ip address 172.16.0.1 255.255.0.0
S1(config-if)#no shutdown
S1(config)#ip default-gateway 172.16.0.254
```

以上在 VLAN 1 接口上配置了管理地址,接在 VLAN 1 上的计算机可以直接 Telnet 该地址。为了其他网段的计算机也可以 Telnet 交换机,我们在交换机上配置了默认网关。

实验二　VLAN 划分

1 实验内容

学习有关 VLAN 划分的方法，观察划分后的实验结果。

2 实验目的

（1）掌握 VLAN 的创建方法。

（2）把交换机接口划分到特定 VLAN。

3 实验拓扑图

如图 4.2 所示为划分 VLAN 实验拓扑图。

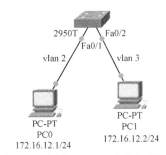

图 4.2 划分 VLAN 实验拓扑图

4 实验步骤

（1）按图 4.2 所示配置 PC0 与 PC1。
（2）在交换机 Sw1 上创建 VLAN。
说明：创建两个 VLAN，除了默认的 VLAN 1 外，其余两个名称分别为 VLAN2 和 VLAN3。
（3）将交换机的不同接口划入不同 VLAN 中。
说明：交换机接口 f0/1 划入 VLAN2，接口 f0/2 划入 VLAN3。

```
Sw1(config)#vlan 2              //以上创建VLAN,2 就是VLAN 的编号
Sw1 (config-vlan)#exi           //推出VLAN 模式,上面的创建就已经生效了
Sw1 (config)#vlan 3
Sw1 (config-vlan)#exi

Sw1 (config)#int f0/1
Sw1 (config-if)#switch mode access   //把交换机接口的模式改为access 模式,说
                                       明该接口是用于连接计算机的,而不是用于Trunk

Sw1 (config-if)#switch access vlan 2  //把该接口 f0/1 划分到VLAN2 中

Sw1 (config-if)#int f0/2
Sw1 (config-if)#sw mod acc
Sw1 (config-if)#sw acc vlan 3
```

5 实验调试

（1）使用 show vlan 命令和 show vlan brief 命令查看 VLAN 的信息。
（2）使用 show interfaces 端口号 switchport 命令查看接口作为交换机接口的有关信息。
（3）VLAN 间的通信检查。

```
Sw1#show vlan brief

VLAN Name                          Status    Ports
---- ------------------------       --------- -------------------------------
1    default                        active    Fa0/3,Fa0/4,Fa0/5,Fa0/6
Fa0/7,Fa0/8,Fa0/9,Fa0/10
Fa0/11,Fa0/12,Fa0/13,Fa0/14
Fa0/15,Fa0/16,Fa0/17,Fa0/18
Fa0/19,Fa0/20,Fa0/21,Fa0/22
Fa0/23,Fa0/24
2    VLAN2                          active    Fa0/1
3    VLAN3                          active    Fa0/2
1002 fddi-default                   active
1003 token-ring-default             active
1004 fddinet-default                active
1005 trnet-default                  active
```

【说明】
（1）交换机中的 VLAN 信息存放在单独的文件中，即 flash：vlan.dat，因此如果要完全清除交换机的配置，除了使用 erase startup-config 命令外，还可以使用 delete flash：vlan.dat 命令把 VLAN 数据删除。

（2）默认时，所有交换机接口都在 VLAN 1 上，VLAN 1 是不能删除的。

（3）如果有多个接口需要划分到同一 VLAN 下，也可以采用如下命令，注意"-"前的空格。

```
Sw1(config)#interface range f0/3 - 4
Sw1(config-if-range)#switch mode access
Sw1(config-if-range)#switch access vlan 3
```

（4）如果加入未被创建的 VLAN 3，则将自动生成一个新的 VLAN 3。

（5）如果要删除 VLAN 3，使用 no vlan 3 命令即可。但是删除某一 VLAN 后，要记得把该 VLAN 上的端口重新划分到别的 VLAN 上，否则将导致端口的消失。

```
Sw1(config)#no vlan 3
Sw1(config)#exi
Sw1#sh vlan brief
……
```

这时可以查看到，结果中部分端口消失了。

之后来查看 VLAN 间通信状况：

```
PC>ping 172.16.12.2 不通
```

【实验说明】由于 f0/1 和 f0/2 端口属于不同的 VLAN，在 PC0 上 ping PC1（172.16.12.2）应该不能成功了。

6　实验思考

为什么原本是一个网段的两台主机，在设置将其属于不同的 VLAN 后，相互之间却不能进行通信呢？

实验三　VLAN 间 Trunk 的配置

1　实验内容

VLAN 间 Trunk 的配置。

2　实验目的

掌握 Trunk 的配置方法。

3　实验拓扑图

VLAN 间 Trunk 的配置信息实验拓扑图如图 4.3 所示。

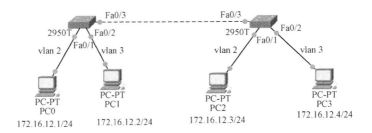

图 4.3　实验三拓扑图

4 实验步骤

在实验二的基础上继续本实验。

（1）在前图 4.2 的基础上再添加一个交换机 Sw2，按照第四章实验二的步骤，在 Sw2 上创建 VLAN，并把接口相应地划分在图 4.3 所示的 VLAN 中。

（2）配置 Trunk，将交换机 Sw2 的不同端口划入不同的 VLAN 中，并且配置两台交换机的 Trunk 端口。

```
Sw1(config)#int f0/3
Sw1 (config-if)#switchport trunk encanpsulation dot1q
```

以上是配置 Trunk 链路的封装类型，同一链路的两端封装要相同。有的交换机，例如 2950 只能封装 dot1q，因此此处无须执行该命令。

Sw1(config-if)#sw mod trunk//以上是把接口配置为 Trunk

Sw2 的 Trunk 端口配置与 Sw1 的相同，此处略。

（3）检查 Trunk 链路的状态，测试跨交换机、同一 VLAN 主机间的通信。

```
Sw1# sh int f0/3 switchport
```

【实验注意】可以通过如下命令的查看：Sw1#sh int f0/3 sw 将结果前后对照，看看 operation mode 前后是否相同？

实验后的结果如下：

```
Name:Fa0/3
Switchport:Enabled
Administrative Mode:trunk
Operational Mode:trunk//f0/13 接口已经为 Trunk 链路了,封装为 802.1q
Administrative Trunking Encapsulation:dot1q
Operational Trunking Encapsulation:dot1q
Negotiation of Trunking:On
Access Mode VLAN:1 (default)
Trunking Native Mode VLAN:1 (default)//Native VLAN 为 1
Voice VLAN:none
Administrative private-vlan host-association:none
Administrative private-vlan mapping:none
Administrative private-vlan trunk native VLAN:none
Administrative private-vlan trunk encapsulation:dot1q
Administrative private-vlan trunk normal VLANs:none
Administrative private-vlan trunk private VLANs:none
Operational private-vlan:none
Trunking VLANs Enabled:ALL   //可以看到默认该 Trunk 链路允许所有的 VLAN 数据通过
Pruning VLANs Enabled:2-1001
Capture Mode Disabled
Capture VLANs Allowed:ALL
Protected:false
Appliance trust:none
```

【实验说明】之前介绍说在 Trunk 链路上，数据帧会根据 ISL 或者 802.1Q 被重新封装，然而如果是 Native VLAN 的数据，是不会被重新封装就可以在 Trunk 链路上传输的；默认"Native VLAN"是 VLAN 1，也可以用命令更改。

例如：

```
Sw1(config)#int f0/3
Sw1 (config-if)#switchport trunk native vlan 2
```

以上是在 Trunk 链路上配置 Native VLAN，我们把它改为 VLAN 2 了，默认是 VLAN 1；必须说明，Trunk 链路两端 Native VLAN 得一样。如果不一样，交换机会提示出错。也就是说，在链路的另一端 Sw2 上的 f0/3 口上也要进行相同的配置。

5 实验调试

实验结果说明：同一 VLAN 主机间通信，PC0 ping PC2。

PC>ping 172.16.12.3

实验结果查看，能 ping 通。

而不同 VLAN 的主机之间，例如 PC1 ping PC2

PC>ping 172.16.12.3

就会发现，实验结果为不能 ping 通。

另外，我们尝试在 Sw1 上的 f0/3 口配置 trunk allowed vlan 命令：

```
Sw1 (config-if)#sw trunk allowed vlan ?
  WORD    VLAN IDs of the allowed VLANs when this port is in trunking mode
  add     add VLANs to the current list
  all     all VLANs
  except  all VLANs except the following
  none    no VLANs
  remove  remove VLANs from the current list
```

如果在本实验中设置为

```
Sw1(config-if)#sw trunk allowed vlan 2,200
```

管理员配置为只允许 VLAN 2,200 的数据包通过 Trunk 链路。这时再测试其连通性，PC1 上 ping PC3，发现同属于 VLAN 3 的两个主机之间的通信不能进行了。

PC>ping 172.16.12.4，结果为不通。

6 实验思考

如果要想实现不同 VLAN 主机之间进行通信，应该怎么做？

实验四　VLAN 间 通 信

1 实验内容

VLAN 间的通信。

2 实验目的

（1）路由器以太网接口上的子接口。

（2）单臂路由实现 VLAN 间路由的配置。

3 实验原理

VLAN 间通信

在交换机上划分 VLAN 后，VLAN 间的计算机就无法通信了。VLAN 间的通信需要借助第 3 层设备,可以使用路由器来实现这个功能,如果使用路由器,通常会采用单臂路由模式。实际上,VLAN 间的路由大多数是通过 3 层交换机实现的,3 层交换机可以看成是路由器加交换机,然而因为采用了特殊的技术,其数据处理能力比路由器要大得多,在路由器上创建多个子接口和不同的 VLAN 连接,子接口是路由器物理接口上的逻辑接口。工作原理如图 4.4 所示。

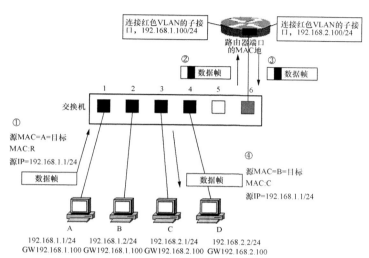

图 4.4　三层交换机的工作原理

当交换机收到 VLAN 2 的计算机发送的数据帧后,从其 Trunk 接口发送数据给路由器,由于该链路是 Trunk 链路,帧中带有 VLAN 2 的标签,帧到了路由器后,如果数据要转发到 VLAN2 上,路由器将把数据帧的 VLAN 2 标签去掉,重新用 VLAN 3 的标签进行封装,通过 Trunk 链路上发送到交换上的 Trunk 接口;交换机收到该帧,去掉 VLAN 3 标签,发送给 VLAN 3 上的计算机,从而实现了 VLAN 间的通信。

因此进行 VLAN 间通信时,即使通信双方都连接在同一台交换机上,也必须经过:

发送方——交换机——路由器——交换机——接收方

这样一个流程。

4　实验拓扑图

如图 4.5 所示为子接口单臂路由拓扑图。

5　实验步骤

用 R1 来实现分别处于 VLAN 2 和 VLAN 3 的 PC1 和 PC2 间的通信。

(1) 在 S1 上划分 VLAN,在主机 PC1 与 PC2 上配置 IP 地址,而它们的网关正好就是指向路由器的两个子接口,也就是它们的网关地址为两个子接口的 IP 地址。

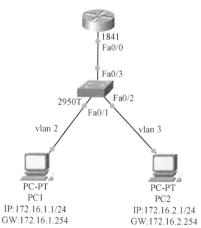

图 4.5　子接口单臂路由拓扑图

(2) 先把交换机上的以太网接口配置成 Trunk 接口。

```
S1(config)#int f0/3
S1(config-if)#switch trunk enacp dot1q
```

```
S1(config-if)#switch mode trunk
```

（3）在路由器 R3 的物理以太网接口下创建子接口，并定义封装类型

```
R1(config)#int f0/0
R1(config-if)#no shutdown
R1(config)#int f0/0.1                    //创建子接口,子接口的编号可以随意取值
R1 (config-subif)#encap dot1q 2
```

以上是定义该子接口承载哪个 VLAN 流量，一定要先配置此命令，后面的 IP 地址才会生效。

```
R1(config-subif)#ip address 172.16.1.254 255.255.255.0
```

在子接口上配置 IP 地址，这个地址就是 VLAN 1 的网关。
用同样的方式配置另一子接口。

（4）查看路由器上的路由表。验证有两个直连路由的存在：

```
R1#sh ip rou

     172.16.0.0/24 is subnetted,2 subnets
C       172.16.1.0 is directly connected,FastEthernet0/0.1
C       172.16.2.0 is directly connected,FastEthernet0/0.2
```

6 实验调试

PC>ping 172.16.2.1，由图 4.6 所示查看结果为可以进行通信。

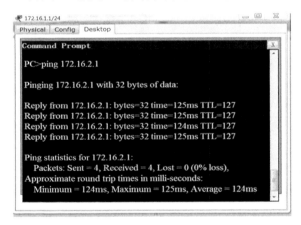

图 4.6 实验结果

实验五 三层交换技术

1 实验内容

用三层交换技术实现 VLAN 间的路由。

2 实验目的

（1）理解三层交换的概念。
（2）配置三层交换。

3 实验原理

三层交换：单臂路由实现 VLAN 间的路由时转发速率较慢，实际上，在局域网内部多采

用三层交换。三层交换机通常采用硬件来实现，其路由数据包的速率较快。可以把三层交换机看成二层交换机和路由器的组合。

4 实验拓扑图

实验拓扑图如图 4.7 所示。

5 实验步骤

（1）添加多层交换机，给三层交换机重新命名为 S1，在 S1 上划分 VLAN，如图 4.7 所示，两台主机的配置如图 4-7 所示。

（2）配置三层功能，启用路由。

S1(config)#ip routing//以上启用了三层功能

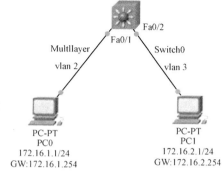

图 4.7 三层交换技术拓扑图

（3）在 VLAN 接口上配置 IP 地址。

```
S1(config)#int vlan2                    //创建VLAN2接口
S1(config-if)#no shutdown
S1(config-if)#ip address 172.16.1.254 255.255.255.0
//在VLAN 接口上配置IP 地址即可,VLAN 2接口上的地址是PC1的网关,
S1(config)#int vlan3                    //创建VLAN3接口
S1(config-if)#no shutdown
S1(config-if)#ip address 172.16.2.254 255.255.255.0
//VLAN 3接口上的地址就是PC2 的网关
```

【实验说明】要在 3 层交换机上启用路由功能，还需要启用 CEF（命令为 ip cef），不过这是默认值。在三层交换机上，可以有多个 VLAN 接口处于开启状态，这些接口即 SVI 接口（Switch VLAN Interface），任何一个被激活的 SVI 都可以作为管理接口，也就是可以被 telnet。

6 实验调试

（1）检查 S1 上的路由表。

```
S1#sh ip rou
(略)
172.16.0.0/24 is subnetted,2 subnets
C       172.16.1.0 is directly connected,Vlan2
C       172.16.2.0 is directly connected,Vlan3
S1#sh ip int brief
```

结果显示为

```
Interface              IP-Address      OK? Method Status                Protocol
FastEthernet0/1        unassigned      YES NVRAM  up                    up
FastEthernet0/2        unassigned      YES NVRAM  up                    up
FastEthernet0/3        unassigned      YES NVRAM  down                  down
(……略)
Vlan1                  unassigned      YES NVRAM  administratively down down
Vlan2                  172.16.1.254    YES manual up                    up
Vlan3                  172.16.2.254    YES manual up                    up
……
```

（2）测试 VLAN 间的通信。测试 PC1 和 PC2 间的通信，发现可以 ping 通。

7 实验思考

上述实验的操作可以实现 VLAN 间的数据通信，但是在现实应用中有一定的弊端，可以做什么样的改进？

实验六 VTP 配 置

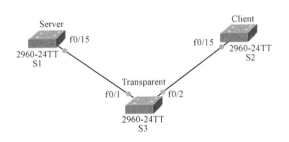

图 4.8 VTP 配置实验拓扑图

1 实验内容
在三台交换机上实施 VTP。

2 实验目的
（1）理解 VTP 的三种模式。
（2）熟悉 VTP 的基本配置。

3 实验拓扑图
如图 4.8 所示为 VTP 配置实验拓扑图。

4 实验步骤
（1）如图 4.8 所示连接三台交换机，并清除三台交换机的配置后重新启动。

```
S1#delete flash:vlan.dat        //交换机 S1
S1#erase startup-config
S1#reload
```

（2）使用 show interfaces trunk 命令检查各交换机的 Trunk 链路是否正常运作。

```
S3#show interfaces trunk        //交换机 S3
```

（3）使用 show vtp status 命令检查默认的 VTP 情况。

```
S1#show vtp status
```

（4）配置交换机 S1 为 VTP Server，配置 VTP 域名，创建 VLAN2。

```
S1(config)#vtp mode server      //配置交换机 S1 为 VTP Server,这是默认值
……
S1(config)#vtp domain VTP-TEST  //配置 VTP 域名,默认为空
……
S1#show vtp status              //查看 VTP 的情况
S1(config)#vlan 2
S1#show vlan
S1#show vtp status
```

（5）配置交换机 S3 为 VTP Transparent。

```
S3#vlan database                //在 vlan database 模式下配置 VTP Transparent,有些旧版的
                                  IOS 可能只支持在此模式下配置
S3(vlan)#vtp transparent
……
S3#show vtp status
```

（6）在交换机 S3 上创建 VLAN3，并检查交换机 S1 和交换机 S2 上的 VLAN 信息。在交换机 S2 上创建 VLAN4，检查交换机 S1 和交换机 S2 上的 VLAN 信息。

（7）配置交换机 S2 和交换机 S3 为 VTP Client。

```
S2(config)#vtp mode client
……
S2#show vtp database
……
```

（8）配置 VTP 密码，并配置 VTP 版本（只能在 Server 上）。

```
S1(config)#vtp password cisco
……
S2(config)#vtp password cisco
S3(config)#vtp password cisco
```

【实验说明】配置密码是为了安全，防止不明身份的交换机加入到域中。密码是大小写敏感的。

```
S1#show vtp password              //显示 VTP 密码
S1(config)#vtp version 2          //配置 VTP 版本
S1#show vtp status
……
S2#show vtp status
……
```

实验七　STP　协　议

1　实验内容

（1）观察图中有环路的简单网络拓扑中 STP 的状况。

（2）在一个有 2 个 VLAN 和 3 台交换机的网络中配置 PVST，使 Sw2 为 VLAN10 的根，Sw3 为 VLAN20 的根。

2　实验目的

（1）理解 STP 生成树协议的工作过程。

（2）掌握 STP 的配置。

3　实验原理

STP（SpanningTreepProtocol，生成树协议）能够提供路径冗余，使用 STP 可以使两个终端中只有一条有效路径。在实际的网络环境中，物理环路可以提高网络的可靠性，当一条线路断掉时，另一条链路仍然可以传输数据。但是，在交换网络中，当交换机接收到一个未知目的地址的数据帧时，交换机的操作是将这个数据帧广播出去，这样，在存在物理的交换网络中，就会产生一个双向的广播环，甚至产生广播风暴，导致交换机死机。如何既有物理冗余链路保证网络的可靠性，又能避免冗余环路所产生的广播风暴呢？STP 协议是在逻辑上断开网络的环路，防止广播风暴的产生，而一旦正在用的线路出现故障，逻辑上被断开的线路又被连通，继续传输数据。

STP 运行 STA（Spanning Tree Algorithm，生成树算法）。STA 算法很复杂，但是其过程可以归纳为以下三个步骤：

步骤一：选择根网桥（Root Bridge）。

网桥 ID 最小。

步骤二：选择根端口（Root Ports）。

（1）到根路径成本最低。

（2）最小的直连发送方网桥 ID。

（3）最小的发送方端口 ID。

步骤三：选择指定端口（Designated Ports）。

（1）根路径成本最低。

（2）所在交换机的网桥 ID 最小。

（3）所在交换机的端口 ID 最小。

特别注意："选择根端口"为比较接收的 BPDU；"选择指定端口"为比较发送的 BPDU。

BPDU：STP 在交换机互相通信时进行操作，数据报文以桥协议数据单元（BPDU，Bridge Protocol Data Unit 桥协议数据单元）的形式进行交换。每隔 2s，BPDU 报文便向所有的交换机端口发送一次，以便交换机（或网桥）能交换当前最新的拓扑信息，并迅速识别和检测其中的环路。

BPDU 的两种类型：正常情况下，交换机只会从它的 Root Port 上接收 configuration BPDU 包，但不会主动发送 configuration BPDU 包给 Root Bridge。第二种类型的 BPDU 包是 Topology Change Notification（TCN）BPDU，当一台交换机检测到拓扑变化后，它就可以发送 TCN 给 Root Bridge，注意 TCN 是通过 Root Port 向 Root Bridge 方向发出的。当交换机从它的 designate port 接收到 TCN 类 BPDU 时，它必须为其做转发，从它自己的 root port 上发送出去 TCN 类型的 BPDU 包，这样一级一级地传到 root bridge 后，TCN 的任务才算完成。BPDU 报文的主要字段见表 4-1。

表 4-1　　　　　　　　　　　BPDU 报文的主要字段

字段	字节	作用
协议 ID	2	
版本号	1	
报文类型	1	标识是配置 BPDU 还是 TCN BPDU
标记域	1	
网桥 ID	8	用于通告网桥的 ID
根路径成本	4	说明这个 BPDU 从根传输了多远
发送网桥 ID	8	发送这个 BPDU 网桥的 ID
端口 ID	2	发送报文的端口 ID
报文老化时间	2	计时器值，用于说明生成树用多长时间完成它的每项功能
最大老化时间	2	
访问时间	2	
转发延迟	2	

协议 ID：该值总为 0。

版本号：STP 的版本（为 IEEE 802.1d 时值为 0）。

报文类型：BPDU 类型（配置 BPDU=0，TCN BPDU=80）。

标记域：LSB（最低有效位）=TCN 标志；MSB（最高有效位）=TCA 标志。

根网桥 ID：根信息由 2B 优先级和 6B ID 组成。这个信息组合标明已经被选定为根网桥的设备标识。

根路径成本：路径成本为到达根网桥交换机的 STP 开销。表明这个 BPDU 从根网桥传输了多远，成本是多少。这个字段的值用来决定哪些端口将进行转发，哪些端口将被阻断。

发送网络桥 ID：发送该 BPDU 的网桥信息。由网桥的优先级和网桥 ID 组成。

端口 ID：发送该 BPDU 的网桥端口 ID。

计时器：计时器用于说明生成树用多长时间完成它的每项功能。这些功能包括报文老化时间、最大老化时间、访问时间和转发延迟。

最大老化时间：根网桥发送 BPDU 后的秒数，每经过一个网桥都会递减 1，所以它的本质是到达根网桥的跳计数。

访问时间：根网桥连续发送 BPDU 的时间间隔。

转发延迟：网桥在监听学习状态所停留的时间。

STP 利用 BPDU 选择根网桥的过程：

（1）当一台交换机第一次启动时，假定自己是根网桥在 BPDU 报文中的根网桥字段填入自己的网桥 ID，向外发送。

（2）交换机比较接收到的 BPDU 报文中根网桥 ID 与自己的网桥 ID 的值哪个更小，如果接收到的 BPDU 中的根网桥 ID 值小于自己的网桥 ID，则用接收到的根网桥 ID 替换现有的根网桥 ID，并向外转发。如此不断地反复，最终能够选择出全网公认的唯一一个根网桥。

（3）收敛以后，如果又一台新的交换机加入进来，则继续比较根网桥 ID，选出新的根网桥。

STP 利用 BPDU 确定端口的根路径成本：

（1）根网桥发送一个根路径成本为 0 的 BPDU 报文。

（2）当离根网桥最近的下一级交换机收到 BPDU 报文时，就把 BPDU 所到达的那个端口的路径成本值与根网桥的根路径成本值相加。

（3）邻接交换机再以这个新的累加值作为根路径成本，然后发送出包含此值的 BPDU 报文。

（4）当邻接交换机下的每一台交换机都收到这个 BPDU 报文时，再把随后的交换机端口路径成本与这个值相加，依次类推。

表 4-2 为生成树端口的状态。

表 4-2　　　　　　　　　　　　生成树端口的状态

状　态	用　途
转发（forwarding）	发送和接收用户数据
学习（learning）	构建网桥表
侦听（listening）	构建"活动"拓扑
阻塞（blocking）	只接收 BPDU

禁用：强制关闭（实际并不属于端口正常的 STP 状态的一部分）。

转发：可以发送和接收数据帧，也可以收集 MAC 地址加入到它的地址表，还可以发送 BPDU 报文。

学习：延迟时间 15s，转发 BPDU 报文的同时，学习新的 MAC 地址，并添加到交换机的地址列表中。

侦听：延迟时间 15s，为了使该端口加入生成树的拓扑过程，允许接收或发送 BPDU 报文。

阻塞：老化时间 20s，以便能侦听到其他邻接交换机的信息。

4 实验拓扑图

如图 4.9 所示为 STP 配置实验拓扑图。

5 实验步骤

（1）观察图中有环路的简单网络拓扑中 STP 的状况，使用 show spanning-tree 命令，观察各个端口的状态，寻找根交换机和环路的阻塞端口。修改一个非根交换机的优先级，使其成为根。

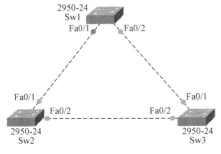

图 4.9 STP 配置实验拓扑图

在 Sw1 上：

```
Switch#show spanning-tree
VLAN0001
  Spanning tree enabled protocol ieee
  Root ID    Priority    32769
             Address     0002.1746.5BE8
This bridge is the root
             Hello Time  2 sec  Max Age 20 sec  Forward Delay 15 sec

  Bridge ID  Priority    32769  (priority 32768 sys-id-ext 1)
             Address     0002.1746.5BE8
             Hello Time  2 sec  Max Age 20 sec  Forward Delay 15 sec
             Aging Time  20

Interface         Role Sts Cost      Prio.Nbr Type
---------------- ---- --- --------- --------------------------------
Fa0/1             Desg FWD 19        128.1    P2p
Fa0/2             Desg FWD 19        128.2    P2p
```

在 Sw2 上：

```
Switch#show spanning-tree
VLAN0001
  Spanning tree enabled protocol ieee
  Root ID    Priority    32769
             Address     0002.1746.5BE8
             Cost        19
             Port        1(FastEthernet0/1)
             Hello Time  2 sec  Max Age 20 sec  Forward Delay 15 sec
```

```
    Bridge ID  Priority    32769  (priority 32768 sys-id-ext 1)
               Address     0040.0B5C.903C
               Hello Time  2 sec  Max Age 20 sec  Forward Delay 15 sec
               Aging Time  20

Interface        Role Sts Cost      Prio.Nbr Type
---------------- ---- --- --------- -------- --------------------------------
Fa0/1            Root FWD 19        128.1    P2p
Fa0/2            Altn BLK 19        128.2    P2p
```

在 Sw3 上：

```
Switch#show spanning-tree
VLAN0001
  Spanning tree enabled protocol ieee
  Root ID    Priority    32769
             Address     0002.1746.5BE8
             Cost        19
             Port        2(FastEthernet0/2)
             Hello Time  2 sec  Max Age 20 sec  Forward Delay 15 sec

    Bridge ID  Priority    32769  (priority 32768 sys-id-ext 1)
               Address     000C.CFB2.42C6
               Hello Time  2 sec  Max Age 20 sec  Forward Delay 15 sec
               Aging Time  20

Interface        Role Sts Cost      Prio.Nbr Type
---------------- ---- --- --------- -------- --------------------------------
Fa0/1            Desg FWD 19        128.1    P2p
Fa0/2            Root FWD 19        128.2    P2p
```

修改优先级

方法一：在 Sw2 上指定根交换机：Switch（config）#spanning-tree vlan 1 root primary
Sw2 上查看：show spanning-tree。

```
Switch#show spanning-tree
VLAN0001
  Spanning tree enabled protocol ieee
  Root ID    Priority    24577
             Address     0040.0B5C.903C
             This bridge is the root
             Hello Time  2 sec  Max Age 20 sec  Forward Delay 15 sec

    Bridge ID  Priority    24577  (priority 24576 sys-id-ext 1)
               Address     0040.0B5C.903C
               Hello Time  2 sec  Max Age 20 sec  Forward Delay 15 sec
               Aging Time  20

Interface        Role Sts Cost      Prio.Nbr Type
---------------- ---- --- --------- -------- --------------------------------
Fa0/1            Desg FWD 19        128.1    P2p
```

```
Fa0/2              Desg FWD 19        128.2      P2p
```

方法二：在 Sw3 上修改优先级：Switch（config）#spanning-tree vlan 1 priority 4096
在 Sw3 上查看：

```
Switch#show spanning-tree
VLAN0001
  Spanning tree enabled protocol ieee
  Root ID    Priority    4097
             Address     000C.CFB2.42C6
             This bridge is the root
             Hello Time  2 sec  Max Age 20 sec  Forward Delay 15 sec

  Bridge ID  Priority    4097  (priority 4096 sys-id-ext 1)
             Address     000C.CFB2.42C6
             Hello Time  2 sec  Max Age 20 sec  Forward Delay 15 sec
             Aging Time  20

Interface        Role Sts Cost      Prio.Nbr Type
---------------- ---- --- --------- -------- --------------------------
Fa0/1            Desg FWD 19        128.1    P2p
Fa0/2            Desg FWD 19        128.2    P2p
```

（2）在一个有 2 个 vlan 和 3 台交换机的网络中配置 PVST，使 Sw2 为 vlan10 的根，Sw3 为 vlan20 的根。

在 Sw1、Sw2 和 Sw3 上的相同配置：

```
Switch(config)#interface FastEthernet0/1
Switch(config-if)#switchport mode trunk
Switch(config)#interface FastEthernet0/2
Switch(config-if)#switchport mode trunk
Switch(config)#vlan 10
Switch(config)#vlan 20
```

在 Sw2 上：

```
Switch(config)#spanning-tree vlan 10 priority 4096
```

在 Sw3 上：

```
Switch(config)#spanning-tree vlan 20 priority 4096
```

在 Sw1 上查看：Switch#show spanning-tree

```
VLAN0001
  Spanning tree enabled protocol ieee
  Root ID    Priority    32769
             Address     0002.1746.5BE8
             This bridge is the root
             Hello Time  2 sec  Max Age 20 sec  Forward Delay 15 sec

  Bridge ID  Priority    32769  (priority 32768 sys-id-ext 1)
             Address     0002.1746.5BE8
             Hello Time  2 sec  Max Age 20 sec  Forward Delay 15 sec
             Aging Time  20
```

```
Interface        Role Sts Cost      Prio.Nbr Type
---------------- ---- --- --------- -------- --------------------------
Fa0/1            Desg FWD 19        128.1    P2p
Fa0/2            Desg FWD 19        128.2    P2p

VLAN0010
  Spanning tree enabled protocol ieee
  Root ID    Priority    4106
             Address     0040.0B5C.903C
             Cost        19
             Port        1(FastEthernet0/1)
             Hello Time  2 sec  Max Age 20 sec  Forward Delay 15 sec

  Bridge ID  Priority    32778   (priority 32768 sys-id-ext 10)
             Address     0002.1746.5BE8
             Hello Time  2 sec  Max Age 20 sec  Forward Delay 15 sec
             Aging Time  20

Interface        Role Sts Cost      Prio.Nbr Type
---------------- ---- --- --------- -------- --------------------------
Fa0/1            Root FWD 19        128.1    P2p
Fa0/2            Desg FWD 19        128.2    P2p

VLAN0020
  Spanning tree enabled protocol ieee
  Root ID    Priority    4116
             Address     000C.CFB2.42C6
             Cost        19
             Port        2(FastEthernet0/2)
             Hello Time  2 sec  Max Age 20 sec  Forward Delay 15 sec

  Bridge ID  Priority    32788   (priority 32768 sys-id-ext 20)
             Address     0002.1746.5BE8
             Hello Time  2 sec  Max Age 20 sec  Forward Delay 15 sec
             Aging Time  20

Interface        Role Sts Cost      Prio.Nbr Type
---------------- ---- --- --------- -------- --------------------------
Fa0/1            Desg FWD 19        128.1    P2p
Fa0/2            Root FWD 19        128.2    P2p
```

第五章 静态路由与默认路由

实验一 静态路由的配置

1 实验内容

静态路由与默认路由的配置。

2 实验目的

（1）路由表的概念。

（2）根据需求，正确配置静态路由与默认路由。

3 实验原理

路由器在转发数据时，要先在路由表（routing table）中查找相应的路由。路由器有以下三种途径建立路由：

（1）直连网络：路由器自动添加和自己直接连接网络的路由。

（2）静态路由：管理员手动输入到路由器的路由。

（3）动态路由：动态建立的路由。

静态路由的缺点是不能动态反映网络拓扑，当网络拓扑发生变化时，管理员就必须手工改变路由表；然而静态路由不会占用路由器太多的 CPU 和 RAM 资源，也不占用线路的带宽。如果出于安全的考虑想隐藏网络的某些部分或者管理员想控制数据转发路径，也会使用静态路由。在一个小而简单的网络中，也常使用静态路由，因为配置静态路由会更简捷。

配置静态路由的命令为 IP route，命令的格式如下：

IP route 目的网络掩码 { 网关地址 | 接口 }

例：IP route 192.168.1.0 255.255.255.0 s0/0

例：IP route 192.168.1.0 255.255.255.0 12.12.12.2

在写静态路由时，如果链路是点到点的链路（例如 PPP 封装的链路），采用网关地址和接口都是可以的；然而如果链路是多路访问的链路（例如以太网），则只能采用网关地址，不能是 IP route 192.168.1.0 255.255.255.0 f0/0 。

4 实验拓扑图

实验拓扑图如图 5.1 所示。

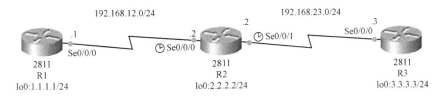

图 5.1 静态路由实验拓扑图

5 实验步骤

【实验说明】"//"后的信息表示注释,不是输出内容。

(1) 三个路由器的配置。

```
R1(config)#int lo0
R1(config-if)#ip add 1.1.1.1 255.255.255.0
R1(config-if)#no sh              //这行命令不写也可以,因为LOOPBACK口,默认就是开启的
R1(config-if)#exi
R1(config)#int s0/0/0
R1(config-if)#ip add 192.168.12.1 255.255.255.0
R1(config-if)#no sh

R2(config)#int lo0
R2(config-if)#ip add 2.2.2.2 255.255.255.0
R2(config-if)#int s0/0/0
R2(config-if)#clock rate 64000         //配置DCE端的时钟
R2(config-if)#ip add 192.168.12.2 255.255.255.0
R2(config-if)#no sh
R2(config-if)#clock rate 64000         //配置DCE端的时钟
R2(config-if)#ip add 192.168.23.1 255.255.255.0
R2(config-if)#no sh

R3(config-if)#ip add 3.3.3.3 255.255.255.0
R3(config-if)#no sh
R3(config-if)#int s0/0/0
R3(config-if)#ip add 192.168.23.2 255.255.255.0
R3(config-if)#no sh
// 保证直连网段能PING通
R1#ping 192.168.12.2
Type escape sequence to abort.
Sending 5,100-byte ICMP Echos to 192.168.12.2,timeout is 2 seconds:
!!!!!
Success rate is 100 percent (5/5),round-trip min/avg/max = 31/34/47 ms
```

(2) 配置静态路由。首先熟悉下 **IP route** 命令的格式及参数。

```
R1(config)#ip route 192.168.23.0 255.255.255.0 ?
A.B.C.D           Forwarding router's address
  Ethernet        IEEE 802.3
  FastEthernet    FastEthernet IEEE 802.3
  GigabitEthernet GigabitEthernet IEEE 802.3z
  Loopback        Loopback interface
  Null            Null interface
  Serial          Serial
```

然后配置静态路由:

```
R1(config)#ip route 192.168.23.0 255.255.255.0 192.168.12.2
R3(config)#ip route 192.168.12.0 255.255.255.0 s0/0/0
R3#ping 192.168.12.1
```

结果为

```
……
Success rate is 100 percent (5/5),round-trip min/avg/max = 62/62/63 ms
```

（3）查看是否可以 PING 通 2.0.0.0 网段的某主机。

```
R1#ping 2.2.2.2
Type escape sequence to abort.
Sending 5,100-byte ICMP Echos to 2.2.2.2,timeout is 2 seconds:
……
Success rate is 0 percent (0/5)
```

因此，进行如下设置：

```
R1(config)#ip rou 2.2.2.0 255.255.255.0 s0/0/0
R1(config)#ip rou 3.3.3.0 255.255.255.0 s0/0/0
```

（4）使用 sh IP route 来查看最终结果。

```
R1#sh IP route
    1.0.0.0/24 is subnetted,1 subnets
C      1.1.1.0 is directly connected,Loopback0
    2.0.0.0/24 is subnetted,1 subnets
S      2.2.2.0 is directly connected,Serial0/0/0
    3.0.0.0/24 is subnetted,1 subnets
S      3.3.3.0 is directly connected,Serial0/0/0
C   192.168.12.0/24 is directly connected,Serial0/0/0
S   192.168.23.0/24 [1/0] via 192.168.12.2
```

可以看到路由表的最终内容。在输出中，首先显示路由条目各种类型的简写，如：C 为直连网络，S 为静态路由。例如 S 表示这条路由是由静态路由指定而得到的；192.168.23.0 是目的网络；[1/0] 是管理距离（Administrative Distance，AD）/度量值（Metric）；via 192.168.12.2 是指到达目的网络的下一跳路由器的 IP 地址；00：00：21 是指路由器最近一次得知路由到现在的时间；Serials 0/0/0 是指到达下一跳地址应从哪个端口出去。

【实验说明】做配置的时候注意：

（1）环回接口是一种纯软件虚拟接口，主要用于网络测试。

（2）静态路由需要双向配置。

（3）每台路由表中的信息独立。

（4）管理距离（AD）：用来表示路由的可信度，路由器可能从多种途径获得同一路由，例如：一个路由器要获得 10.2.0.0/24 网络的路由，可以来自 RIP，也可以是静态路由。不同途径获得的路由可能采取不同的路径到达目的网络，为了区别它们的可信度，用管理距离加以表示。表 5-1 是通过各种路由协议获得的路由的默认管理距离。路由表中管理距离值越小，说明路由的可靠程度越高，静态路由的管理距离为 1，说明手工输入的路由优先级高于其他路由。

表 5-1　　　　　　　　　　路由协议的默认管理距离

路由协议	管理距离
直连接口	0
静态路由	1

路 由 协 议	管 理 距 离
外部 BGP	20
内部 EIGRP	90
IGRP	100
OSPF	110
RIP	120
外部 EIGRP	170
内部 BGP	200

（5）度量值（Metric）：某一个路由协议判别到目的网络的最佳路径的方法。当一台路由器有多条路径到达某一目的网络时，路由协议必须判断其中的哪一条是最佳的并把它放到路由表中，路由协议会给每一条路径计算出一个数，这个数就是度量值，通常这个值是没有单位的。度量值越小，这条路径越佳。

```
R1#ping 3.3.3.3
Type escape sequence to abort.
Sending 5,100-byte ICMP Echos to 3.3.3.3,timeout is 2 seconds:
Success rate is 0 percent (0/5)
```

请思考为什么会出现上面的情况？

```
R2(config)#ip rou 1.1.1.0 255.255.255.0 s0/0/0
R2(config)#ip rou 3.3.3.0 255.255.255.0 s0/0/1
R2(config)#exi

R2#sh ip rou
     1.0.0.0/24 is subnetted,1 subnets
S       1.1.1.0 is directly connected,Serial0/0/0
     2.0.0.0/24 is subnetted,1 subnets
C       2.2.2.0 is directly connected,Loopback0
     3.0.0.0/24 is subnetted,1 subnets
S       3.3.3.0 is directly connected,Serial0/0/1
C    192.168.12.0/24 is directly connected,Serial0/0/0
C    192.168.23.0/24 is directly connected,Serial0
```

继续在 R3 上设置到其他所有网段的静态路由，设置方法同上。

6 实验调试

```
R1#ping 3.3.3.3
Type escape sequence to abort.
Sending 5,100-byte ICMP Echos to 3.3.3.3,timeout is 2 seconds:
!!!!!
Success rate is 100 percent (5/5),round-trip min/avg/max = 62/62/63 ms
```

最终检查，看是否实现全网全通。

实验二 默认路由的配置

1 实验内容
默认路由的配置。

2 实验目的
正确配置默认路由，以及了解默认路由的使用场合。

3 实验原理
默认路由是指路由器在路由表中如果找不到到达目的的具体路由时，最后会采用的路由。默认路由通常会在存根网络（Stub Network，即只有一个出口的网络）中使用。如图5-1所示，左边的网络到 Internet 上只有一个出口，因此可以在 R2 上配置默认路由，命令为 IP route 0.0.0.0 0.0.0.0 {网关地址 | 接口}

例：IP route 0.0.0.0 0.0.0.0 s0/0
IP route 0.0.0.0 0.0.0.0 12.12.12.2

4 实验拓扑
本实验拓扑图如第五章实验一的图5.1所示。

5 实验步骤
（1）在前面实验的基础上（R2的配置保持不变），稍加修改就可以实现默认路由进入R1，R3；设置默认路由，方法如下：

在 R3 上，进入全局配置模式，将刚才的静态路由删掉（实际只要复制 running-config 文件中的原内容修改后，复制粘贴脚本就可以）。

```
R3(config)#no IP route 192.168.12.0 255.255.255.0 Serial0/0/0
R3(config)#no IP route 1.1.1.0 255.255.255.0 Serial0/0/0
R3(config)#no IP route 2.2.2.0 255.255.255.0 Serial0/0/0
```

然后查看 R3 的路由表如下：

```
C    3.3.3.0 is directly connected,Loopback0
C    192.168.23.0/24 is directly connected,Serial
```

（2）设置默认路由。

```
R3(config)#IP rou 0.0.0.0 0.0.0.0 s0/0/0
```

之后再设置R1，R1上的具体设置和上面R3配置的方法一样，此处略去。

【实验说明】在使用了缺省路由时，需要添加 IP classless 命令；原因是 CISCO 路由器对 IP 地址的识别是识别有类 IP 地址的，即在接口默认使用了默认的 mask。当路由器收到一个目的子网不在路由表中的数据包时，默认丢弃该数据包。因此在使用缺省路由时必须使用 IP classless 命令，因为在路由表中不会包含远端子网信息。

6 实验调试

```
R1#sh IP rou

C    1.1.1.0 is directly connected,Loopback0
C    192.168.12.0/24 is directly connected,Serial0/0/0
```

```
S*    0.0.0.0/0 [1/0] via 192.168.12.2
//可以看到,在R1的路由表上添加了一条默认路由条目进去

R3#sh IP rou

    3.0.0.0/24 is subnetted,1 subnets
C       3.3.3.0 is directly connected,Loopback0
C    192.168.23.0/24 is directly connected,Serial0/0/0
S*    0.0.0.0/0 is directly connected,Serial0/0/0

R1#Ping 3.3.3.3
Type escape sequence to abort.
Sending 5,100-byte ICMP Echos to 3.3.3.3,timeout is 2 seconds:
!!!!!
Success rate is 100 percent (5/5),round-trip min/avg/max = 62/62/63 ms
```

7　实验思考
请总结，在哪些情况下适合使用静态路由？

第六章　动态路由选择协议 RIP

动态路由协议采用自适应路由算法，能够根据网络拓扑的变化而重新计算最佳路由。由于路由的复杂性，路由算法也是分层次的，通常把路由协议（算法）划分为自治系统（AS）内的（Interior Gateway Protocol，IGP）与自治系统之间（External Gateway Protocol，EGP）的路由协议。

RIP 的全称是 Routing Information Protocol，属于 IGP，采用 Bellman-Ford 算法。RIP（Routing Information Protocol，路由信息协议）是距离向量路由协议。RIP 是为小型网络环境设计的。RIP 用两种数据包传输更新：更新和请求，每个有 RIP 功能的路由器在默认情况下，每隔 30s 利用 UDP520 端口向与它直连的网络邻居广播（RIPv1）或组播（RIPv2）路由更新。因此，路由器不知道网络的全局情况，如果路由更新在网络上传播慢，将会导致网络收敛慢，造成路由环路。为了避免路由环路，RIP 采用水平分割、毒性逆转、定义最大跳数、闪式更新和抵制计时 5 个机制来避免路由环路。

RIP 协议分为版本 1 和版本 2。不论是版本 1 还是版本 2，都具备下面的特征：
（1）是距离向量路由协议。
（2）使用跳数（Hop Count）作为度量值。
（3）默认路由更新周期为 130s。
（4）管理距离（AD）为 120。
（5）支持触发更新。
（6）最大跳数为 15 跳。
（7）支持等价路径，默认 4 条，最大 6 条。
（8）使用 UDP520 端口进行路由更新。

而 RIPv1 和 RIPv2 的区别见表 6-1。

表 6-1　　　　　　　　　　　RIPv1 和 RIPv2 的区别

RIPv1	RIPv2
在路由更新过程中不携带子网信息	在路由更新过程中携带子网信息
不提供认证	提供明文和 MD5 认证
不支持 VLSM 和 CIDR	支持 VLSM 和 CIDR
采用广播更新	采用组播（224.0.0.9）更新
有类别（Classful）路由协议	无类别（Classless）路由协议

实验一　配置动态路由协议 RIPv1

1　实验内容

通过在路由器上启动并配置 RIPv1 路由协议，学习掌握动态路由配置的原理和方法。

2 实验目的

(1) 在路由器上启动 RIPv1 路由进程。
(2) 启用参与路由协议的接口，并且通告网络。
(3) 理解路由表的含义。
(4) 查看和调试 RIPv1 路由协议相关信息。

3 实验拓扑图

实验拓扑图如图 6.1 所示。

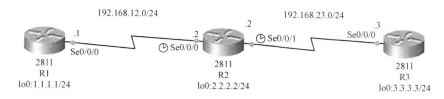

图 6.1 实验一拓扑图

4 实验步骤

【实验说明】实验关键命令介绍：（"//"后的信息表示注释，不是输出内容）

```
Router rip              //开启路由器上的路由选择协议 RIP 进程
Network 1.0.0.0         //通告主类网络
```

在第五章的静态路由实验拓扑图 5.1 的基础上，可以先清除原先配置的静态路由，再用动态路由配置，最终要求实现全网全通。具体配置步骤如下。

步骤 1：配置路由器 R1。

```
R1#conf t
Enter configuration commands,one per line.  End with CNTL/Z.
R1(config)#router rip                    //启动 RIP 进程
R1(config-router)#version 1              //配置 RIP 版本 1
R1(config-router)#net 192.168.12.0       //通告网络
R1(config-router)#net 1.0.0.0
R1(config-router)#exi
R1(config)#exi
```

【实验说明】Network 命令的作用如下：①在属于某个指定网络的所有接口上启动 RIP，相关接口上开始发送和接收 RIP 更新。②向其他路由器通告该指定网络；使用此命令，后面如果接子网参数，如 172.16.2.0，IOS 将把该配置改正为有类网络配置，172.16.0.0 可以通过 sh run 命令查看，此现象在后面的实验可以看到验证。

步骤 2：配置路由器 R2。

```
R2#conf t
Enter configuration commands,one per line.  End with CNTL/Z.
R2(config)#router rip
R2(config-router)#version 1
R2(config-router)#net 192.168.23.0
R2(config-router)#net 192.168.12.0
R2(config-router)#net 2.0.0.0
```

步骤3：配置路由器R3。

```
R3(config)#router rip
R3(config-router)#version 1
R3(config-router)#net 192.168.23.0
R3(config-router)#net 3.0.0.0
R3(config-router)#exi
R3(config)#exi
```

5 实验调试

```
R1#sh IP route   //该命令用来查看从RIP邻居处接收的路由是否已经添加入路由表中
Codes:C - connected,S - static,I - IGRP,R - RIP,M - mobile,B - BGP
      D - EIGRP,EX - EIGRP external,O - OSPF,IA - OSPF inter area
      N1 - OSPF NSSA external type 1,N2 - OSPF NSSA external type 2
      E1 - OSPF external type 1,E2 - OSPF external type 2,E - EGP
      i - IS-IS,L1 - IS-IS level-1,L2 - IS-IS level-2,ia - IS-IS inter area
      * - candidate default,U - per-user static route,o - ODR
      P - periodic downloaded static route

Gateway of last resort is not set
     1.0.0.0/24 is subnetted,1 subnets
C       1.1.1.0 is directly connected,Loopback0
R    2.0.0.0/8 [120/1] via 192.168.12.2,00:00:27,Serial0/0/0
R    3.0.0.0/8 [120/2] via 192.168.12.2,00:00:27,Serial0/0/0
C    192.168.12.0/24 is directly connected,Serial0/0/0
R    192.168.23.0/24 [120/1] via 192.168.12.2,00 :00:03,Serial0/0/0
```

【实验说明】以上输出表明，R1上的路由表包含了3条从RIP学习到的路由。可以观察到第一个条目，**R 2.0.0.0/8 [120/1] via 192.168.12.2，00：00：27，Serial0/0/0**，确实，通过该路由条目的掩码长度可以看到，RIPv1不传递子网信息（不是2.2.2.0）最后一行 **R192.168.23.0/24 [120/1] via 192.168.12.2** 表示路由器R1学到了一条RIP路由，用R来表示，目的网络是192.168.23.0 掩码长度24，RIP路由协议默认的管理距离是120，1是度量值，表示从路由器R1到达该目的网络的度量值是1跳；下一跳地址是192.168.12.2。00：00：03距离下一次更新还有27（30-3）s；Serial0/0/0接收该路由条目的本路由器的接口。

再用相同的方法查看其他两个路由器的路由表内容。测试其连通性。

```
R1#ping 3.3.3.3
Type escape sequence to abort.
Sending 5,100-byte ICMP Echos to 3.3.3.3,timeout is 2 seconds:
!!!!!
Success rate is 100 percent (5/5),round-trip min/avg/max = 62/62/63 ms
```

其他测试步骤和结果省略，最终发现可以实现全网全通。

实验二　配置动态路由协议 RIPv2

1 实验内容

通过在路由器上启动并配置RIPv2路由协议，学习和区分两个版本配置上的不同之处。

2 实验目的

（1）在路由器上 RIPv2 路由进程。
（2）启用参与路由协议的接口，并且通告网络。
（3）auto-summary 的打开和关闭。
（4）查看和调试 RIPv2 路由协议相关信息。

3 实验拓扑图

实验拓扑图如图 6.2 所示。

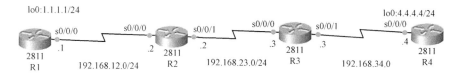

图 6.2　实验二拓扑图

4 实验步骤

其他前面基本配置略去。注意，先保证直连网段的连通性。

步骤 1：配置路由器 R1。

```
R1(config)#router rip
R1(config-router)#version 2
R1(config-router)#no auto-summary          //关闭自动汇总
R1(config-router)#network 1.0.0.0
R1(config-router)#network 192.168.12.0
```

步骤 2：配置路由器 R2。

```
R2(config)#router rip
R2(config-router)#version 2
R3(config-router)#no auto-summary          //关闭自动汇总
R2(config-router)#network 192.168.12.0
R2(config-router)#network 192.168.23.0
```

步骤 3：配置路由器 R3。

```
R3(config)#router rip
R3(config-router)#version 2
R3(config-router)#no auto-summary          //关闭自动汇总
R3(config-router)#network 192.168.23.0
R3(config-router)#network 192.168.34.0
```

步骤 4：配置路由器 R4。

```
R4(config)#router rip
R4(config-router)#version 2
R4(config-router)#no auto-summary
R4(config-router)#network 192.168.34.0
R4(config-router)#network 4.0.0.0
```

5 实验调试

（1）show IP route

```
R1#show IP route
   1.0.0.0/24 is subnetted,1 subnets
C     1.1.1.0 is directly connected,Loopback0
   4.0.0.0/24 is subnetted,1 subnets
R     4.4.4.0 [120/3] via 192.168.12.2,00:00:18,Serial0/0/0
C     192.168.12.0/24 is directly connected,Serial0/0/0
R     192.168.23.0/24 [120/1] via 192.168.12.2,00:00:18,Serial0/0/0
R     192.168.34.0/24 [120/2] via 192.168.12.2,00:00:18,Serial0/0/0
```

从上面输出的路由条目 4.4.4.0/24 可以看到，RIPv2 路由更新是携带子网信息的。

（2）show IP protocols。

```
R1#show IP protocols

Routing Protocol is rip
Outgoing update filter list for all interfaces is not set
Incoming update filter list for all interfaces is not set
Sending updates every 30 seconds,next due in 19 seconds
Invalid after 180 seconds,hold down 180,flushed after 240
Redistributing; rip
Default version control; send version 2,receive version 2
Interface Send Recv Triggered RIP Key-chain
Serial0/0 2 2
Loopback0 2 2
//RIPv2 在默认情况下只接收和发送版本 2 的路由更新
```

【实验说明】可以通过命令 IP rip send version 和 IP rip receive version 来控制在路由器接口上接收和发送的版本。例如，在 s0/0/0 接口上接收 Version 1 和 Version 2 的路由更新，但是只发送 Version 2 的路由更新，配置如下：

```
R1(config-if)#IP rip send version 2
R1(config-if)#IP rip receive version 1 2
```

接口特性是优于进程特性的，也就是说，虽然在 RIP 进程中配置了 version 2，但是，如果在接口上配置了 IP rip receive version 1 2，则该接口可以接收 Version 1 和 Version 2 的路由更新。

第七章 动态路由选择协议 OSPF

OSPF（Open Shortest Path First，开放最短链路优先）路由协议是典型的链路状态路由协议。OSPF 由 IETF 在 20 世纪 80 年代末期开发，OSPF 是 SPF 类路由协议中的开放式版本。OSPF 作为一种内部网关协议（Interior Gateway Protocol，IGP），用于在同一个自治系统（AS）中的路由器之间交换路由信息。OSPF 的特性如下。

1 OSPF 的基本特点

OSPF 具体有如下基本特点：OSPF 属于内部网关的路由协议 IGP，链路状态协议，IP 协议号为 89。

（1）利用 Dijkstra 计算出最优路由。
（2）能快速响应网络变化。
（3）网络变化时是触发更新。
（4）不像 EIGRP，它只支持等价负载均衡。
（5）支持简单口令和 MD5 认证。
（6）以组播方式传送协议报文。
（7）OSPF 路由协议的管理距离是 110。

下面的几个关键知识点是学习 OSPF 要掌握的。

（1）链路：链路就是路由器用来连接网络的接口。
（2）链路状态：用来描述路由器接口及其与邻居路由器的关系。所有链路状态信息构成链路状态数据库。

1）区域：有相同区域标志的一组路由器和网络的集合。在同一个区域内的路由器有相同的链路状态数据库。

2）自治系统：采用同一种路由协议交换路由信息的路由器及其网络构成一个自治系统。

3）链路状态通告（LSA）：LSA 用来描述路由器的本地状态，LSA 包括的信息有关于路由器接口的状态和所形成的邻接状态。

4）最短路径优先（SPF）算法：是 OSPF 路由协议的基础。SPF 算法有时也称为 Dijkstra 算法，这是因为最短路径优先算法（SPF）是 Dijkstra 发明的。OSPF 路由器利用 SPF 独立地计算出到达任意目的地的最佳路由。

（3）关键的三张表：

1）邻居表 OSPF 建立邻居经历如下状态：

Down，attempt，init，two-way，exstart，exchange，loading，full

2）LSDB 里面的实际内容就是多个 LSA；但是，实际最初只是把 LSA 头部放进 DBD 里面；也就是说，LSA 并不是一种独立的 OSPF 报文，而是一种通告消息，具体的全部是封装在 LSU 里面的；DBD 只是描述了各自家庭面貌简单状况；最后搜集到全区域的 LSA，生成一个全区域详细的每个角落的数据库表（类似的区域地图一整张）；然后利用 SPF 的算法得出一个无环的拓扑，从而生成一个路由表。

3）路由表。

2 OSPF 的区域划分

在企业网络扩张的今天，很多设备在运行 OSPF，在因特网上的 LSA 信息是大量存在的。因此，在路由器计算阶段，大量的 CPU 能力被耗尽，收敛时间增加，网络不稳定。为了解决这些问题，使用 OSPF 路由器的分区设计来分离。区域中的路由器保留区域内全部链路和路由器具体消息，但只保留其余区域路由器和链路概要消息。

OSPF 区域主要分为两大类：backbone 区域是能快速高效地传输数据，一般不接用户；非 backbone 区域是接用户的，所有的数据都必须通过区域 0。这样分区域会带来一系列好处：①可以汇总在区域的边界，以减少路由表条目；②一个区域的路由器将同步 LSDB，LSA 泛洪停在网络的边缘，减少 LSA 泛洪，加速收敛；③降低网络路由问题的不稳定性，不会被其他区域所影响。

3 OSPF 路由器类型

当一个 AS 划分成几个 OSPF 区域时，根据一个路由器在相应区域之内作用，可以将 OSPF 路由器做如下分类，如图 7.1 所示。

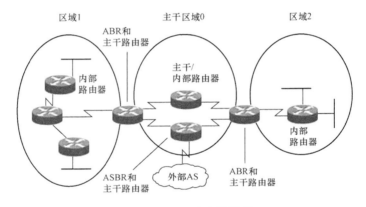

图 7.1 OSPF 路由器类型

（1）内部路由器：OSPF 路由器上所有直连的链路都处于同一个区域。

（2）主干路由器：具有连接区域 0 接口的路由器。

（3）区域边界路由器（ABR）：路由器与多个区域相连。

（4）自治系统边界路由器（ASBR）：与 AS 外部的路由器相连并互相交换路由信息。OSPF 邻居建立过程分为以下七个阶段：

（1）Down：路由器从 OSPF 接口向组播地址 224.0.0.5 发送 Hello 包。

（2）Init：其他路由器接收到 Hello 包后就会添加到自己的邻居表中。

（3）Two Way：所有接收 Hello 包的路由器发送一个单播包来回复 Hello 包，其中包含有关它们的信息。源路由器收到这些消息后，检查这些数据包，如果 Hello 包中有自己的标记时会将此条添加到自己的邻居表中。在这个过程中，如果是多路访问网络会同时选举出 DR 和 BDR。

（4）Exstart：指定路由器和备份指定路由器与一般路由器建立关系。

（5）Exchange：指定路由器向其他路由器发送 DBD。

(6) Loading：路由器之间彼此发送 LSR。

（7）Full：链路状态加入路由器的 DBD。当所有的 LSR 被答复，相邻的路由器被认为是同步的，在 Full 状态。路由器必须达到 Full 才正常发送数据。此时，区域中每一个路由器全都有一样的 DBD。

4　LSA 类型

一台路由器中所有有效的 LSA 通告都被存放在其链路状态数据库中，正确的 LSA 通告可以描述一个 OSPF 区域的网络拓扑结构。常见的 LSA 有 6 类，相应的描述见表 7-1。

表 7-1　　　　　　　　　　　LSA 类型及相应的描述

类型代码	名称及路由代码	描　　述
1	路由器 LSA（O）	所有的 OSPF 路由器都会产生这种数据包，用于描述路由器上连接到某一个区域的链路或是某一接口的状态信息。该 LSA 只会在某一个特定的区域内扩散，而不会扩散至其他区域
2	网络 LSA（O）	由 DR 产生，只会在包含 DR 所处的广播网络的区域中扩散，不会扩散至其他的 OSPF 区域
3	网络汇总 LSA（O IA）	由 ABR 产生，描述 ABR 和某个本地区域的内部路由器之间的链路信息。这些条目通过主干区域被扩散至其他的 ABR
4	ASBR 汇总 LSA（O IA）	由 ABR 产生，描述到 ASBR 的可达性，由主干区域发送到其他 ABR
5	外部 LSA（O E1 或 E2）	由 ASBR 产生，含有关于自治系统外的链路信息
6	NSSA 外部 LSA（O N1 或 N2）	由 ASBR 产生的关于 NSSA 的信息，可以在 NSSA 区域内扩散，ABR 可以将类型 7 的 LSA 转换为类型 5 的 LSA

5　区域类型

一个区域所设置的特性控制着它所能接收到的链路状态信息的类型。区分不同 OSPF 区域类型的关键在于它们对外部路由的处理方式。OSPF 区域类型如下。

（1）标准区域：可以接收链路更新信息和路由汇总。

（2）主干区域：连接各个区域的中心实体，所有其他的区域都要连接到这个区域上交换路由信息。

（3）末节区域（Stub Area）：不接受外部自治系统的路由信息。

（4）完全末节区域（Totally Stubby Area）：它不接受外部自治系统的路由以及自治系统内其他区域的路由汇总，完全末节区域是 Cisco 专有的特性。

（5）次末节区域（Not-So-Stubby Area，NSSA）：允许接收以 7 类 LSA 发送的外部路由信息，并且 ABR 要负责把"类型 7"的 LSA 转换成"类型 5"的 LSA。

实验一　点到点链路上的 OSPF

1　实验内容

配置点到点链路上的 OSPF。

2　实验目的

（1）在路由器上启动 OSPF 路由进程。

（2）启用参与路由协议的接口，并且通告网络及所在的区域。

（3）点到点链路上的 OSPF 特征。
（4）查看和调试 OSPF 路由协议的相关信息。

3 实验拓扑图

实验拓扑图如图 7.2 所示。

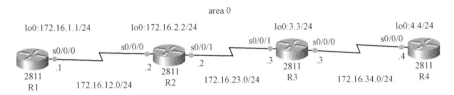

图 7.2 实验一拓扑图

4 实验步骤

配置时，前面最基础的步骤，例如，添加串口模块以及各个直连网段的接口机通畅，请依照前面章节所学进行。此处省略。

步骤 1：配置路由器 R1。

```
R1(config)#router ospf 1                //启动 OSPF 进程
R1(config-router)#router-id 1.1.1.1     //配置路由器 ID R1(config-router)
                                        #network 172.16.12.0 0.0.0.255 area 0
R1(config-router)#network 172.16.1.0 0.0.0.255 area 0
```

步骤 2：配置路由器 R2。

```
R2(config)#router ospf 1
R2(config-router)#router-id 2.2.2.2
R2(config-router)#network 172.16.12.0 0.0.0.255 area 0 R2(config-router)
#network 172.16.23.0 0.0.0.255 area 0
R2(config-router)#network 172.16.2.0 0.0.0.255 area 0
```

步骤 3：配置路由器 R3。

```
R3(config)#router ospf 1
R3(config-router)#router-id 3.3.3.3
R3(config-router)#network 172.16.23.0 0.0.0.255 area 0
R3(config-router)#network 172.16.34.0 0.0.0.255 area 0
R3(config-router)#network 172.16.3.0 0.0.0.255 area 0
```

步骤 4：配置路由器 R4。

```
R4(config)#router ospf 1
R4(config-router)#router-id 4.4.4.4
R4(config-router)#network 172.16.34.0 0.0.0.255 area 0
R4(config-router)#network 172.16.4.0 0.0.0.255 area 0
```

【实验说明】

（1）OSPF 路由进程 ID 的范围必须在 1~65535，而且只有本地含义，不同路由器的路由进程 ID 可以不同。如果要想启动 OSPF 路由进程，至少确保有一个接口是 up 的。

（2）区域 ID 是在 0~4294967295 内的十进制数，也可以是 IP 地址的格式 A.B.C.D。当网络区域 ID 为 0 或 0.0.0.0 时称为主干区域。

（3）在高版本的 IOS 中通告 OSPF 网络时，网络号的后面可以跟网络掩码，也可以跟反掩码，都是可以的。

（4）确定 Router ID 遵循如下顺序：

1）最优先的是在 OSPF 进程中用命令 router-id 指定了路由器 ID。

2）如果没有在 OSPF 进程中指定路由器 ID，那么选择 IP 地址最大的环回接口的 IP 地址为 Router ID。

3）如果没有环回接口，就选择最大的活动物理接口的 IP 地址为 Router ID。

建议用命令 router-id 来指定路由器 ID，这样可控性比较好。

5　实验调试

（1）可以观察到，在敲入上述步骤的命令后不久，就会有控制台信息弹出。例如在 R3 上会有如下信息：

```
00:00:10:%OSPF-5-ADJCHG:Process 1,Nbr 4.4.4.4 on Serial0/0/0 from LOADING to FULL,Loading Done
00:00:10:%OSPF-5-ADJCHG:Process 1,Nbr 2.2.2.2 on Serial0/0/1 from LOADING to FULL,Loading Done
```

（2）用 show ip route 查看结果：

```
R3#sh IP rou

    172.16.0.0/16 is variably subnetted,7 subnets,2 masks
O      172.16.1.1/32 [110/129] via 172.16.23.2,00:30:51,Serial0/0/1
O      172.16.2.2/32 [110/65] via 172.16.23.2,00:30:51,Serial0/0/1
C      172.16.3.0/24 is directly connected,Loopback0
O      172.16.4.4/32 [110/65] via 172.16.34.4,00:30:51,Serial0/0/0
O      172.16.12.0/24 [110/128] via 172.16.23.2,00:30:51,Serial0/0/1
C      172.16.23.0/24 is directly connected,Serial0/0/1
C      172.16.34.0/24 is directly connected,Serial0/0/0
```

【实验说明】　同一个区域内通过 OSPF 路由协议学习的路由条目用代码"O"表示。环回接口 OSPF 路由条目的掩码长度都是 32 位，这是环回接口的特性，尽管通告了 24 位，解决办法是在环回接口下修改网络类型为 Point-to-Point，操作如下：

```
R2(config)#interface loopback 0
R2(config-if)#IP ospf network point-to-point //这样收到的路由条目的掩码长度和通
告的一致
```

（3）用 show IP protocols 命令来查看具体的 OSPF 配置：

```
R3#sh IP protocols
Routing Protocol is "ospf 1"              //当前路由器运行的 OSPF 进程 ID
  Outgoing update filter list for all interfaces is not set
  Incoming update filter list for all interfaces is not set
  Router ID 3.3.3.3              //本路由器 ID
  Number of areas in this router is 1. 1 normal 0 stub 0 nssa
                                 //本路由器参与的区域数量类型
  Maximum path:4
  Routing for Networks:
    172.16.23.0 0.0.0.255 area 0
```

```
    172.16.3.0 0.0.0.255 area 0
    172.16.34.0 0.0.0.255 area 0
//以上几行表明 OSPF 通告的网络以及这些网络所在的区域
 Routing Information Sources:
    Gateway         Distance        Last Update
    172.16.34.4        110          00:07:43
172.16.23.2            110          00:07:44
//以上几行表明路由信息源
    Distance:(default is 110)                    //默认管理距离
```

（4）show ip ospf。该命令显示 OSPF 进程及区域的细节，如路由器运行 SPF 算法的次数等。请同学自己查看结果。

（5）show IP OSPF interface。

例如，也可以输入如下命令：

```
R3#sh ip ospf int s0/0/1
Serial0/0/1 is up,line protocol is up
  Internet address is 172.16.23.3/24,Area 0
  Process ID 1,Router ID 3.3.3.3,Network Type POINT-TO-POINT,Cost:64
  Transmit Delay is 1 sec,State POINT-TO-POINT,Priority 0  // 接口的状态
  No designated router on this network
  No backup designated router on this network
  Timer intervals configured,Hello 10,Dead 40,Wait 40,Retransmit 5
                                                  //各个计时器的值
    Hello due in 00:00:08
  Index 3/3,flood queue length 0
  Next 0x0(0)/0x0(0)
  Last flood scan length is 1,maximum is 1
  Last flood scan time is 0 msec,maximum is 0 msec
  Neighbor Count is 1 ,Adjacent neighbor count is 1
Adjacent with neighbor 2.2.2.2            //已经建立邻接关系的邻居路由器 ID
  Suppress hello for 0 neighbor(s)        //无 HELLO 抑制
```

（6）使用 ship ospf neighbor 来查看 OSPF 邻居的基本信息。

```
R3#sh ip ospf nei
Neighbor ID     Pri   State         Dead Time   Address        Interface
4.4.4.4          0    FULL/  -      00:00:31    172.16.34.4    Serial0/0/0
2.2.2.2          0    FULL/  -      00:00:32    172.16.23.2    Serial0/0/1
```

以上输出表明路由器 R2 有两个邻居，它们的路由器 ID 分别为 1.1.1.1 和 3.3.3.3，其他参数解释如下：

1）Pri：邻居路由器接口的优先级。
2）State：当前邻居路由器接口的状态。
3）Dead Time：清除邻居关系前等待的最长时间。
4）Address：邻居接口的地址。
5）Interface：自己和邻居路由器相连接口。
6）"-"：表示点到点的链路上 OSPF 不进行 DR 选举。

【实验说明】

OSPF 邻居关系不能建立的常见原因：

1) hello 间隔和 dead 间隔不同。
同一链路上的 hello 包间隔和 dead 间隔必须相同才能建立邻接关系。
2) 区域号码不一致。
3) 特殊区域（如 stub，nssa 等）区域类型不匹配。
4) 认证类型或密码不一致。
5) 路由器 ID 相同。
6) Hello 包被 ACL deny。
7) 链路上的 MTU 不匹配。
8) 接口下 OSPF 网络类型不匹配。

（7）使用 show IP ospf database 命令来查看 OSPF 链路状态数据库的信息。

```
R3#sh ip ospf database
        OSPF Router with ID (3.3.3.3) (Process ID 1)

            Router Link States (Area 0)

Link ID         ADV Router      Age         Seq#        Checksum Link count
3.3.3.3         3.3.3.3         1285        0x80000006 0x00feff 5
4.4.4.4         4.4.4.4         1286        0x80000004 0x00feff 3
2.2.2.2         2.2.2.2         1286        0x80000006 0x00feff 5
1.1.1.1         1.1.1.1         1285        0x80000004 0x00feff 3
```

以上输出是 R3 的区域 0 的拓扑结构数据库的信息，解释如下：
1) Link ID：Link State ID，代表整个路由器，而不是某个链路。
2) ADV Router：通告链路状态信息的路由器 ID。
3) Age：老化时间。
4) Seq#：序列号。
5) Checksum：校验和。
6) Link count：通告路由器在本区域内的链路数目。

实验二　广播多路访问链路上的 OSPF

1　实验内容
配置广播多路访问链路上的 OSPF 协议，并学习有关 DR 的选举方法。
2　实验目的
（1）在路由器上启动 OSPF 路由进程。
（2）启用参与路由协议的接口，并且通告网络及所在的区域。
（3）DR 选举的控制。
（4）广播多路访问链路上 OSPF 的特征。
3　实验拓扑图
实验拓扑图如图 7.3 所示。

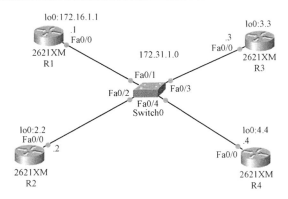

图 7.3 实验二拓扑图

4 实验步骤

步骤 1：配置路由器 R1。

```
R1(config)#router ospf 1
R1(config-router)#router-id 1.1.1.1
R1(config-router)# network 172.16.1.0 0.0.0.255 area 0
R1(config-router)#network 172.31.1.0 0.0.0.255 area 0
```

步骤 2：配置路由器 R2。

```
R2(config)#router ospf 1
R2(config-router)#router-id 2.2.2.2
R2(config-router)# network 172.16.2.00.0.0.255 area 0
R2(config-router)# network 172.31.1.0 0.0.0.255 area 0
```

步骤 3：配置路由器 R3。

```
R3(config)#router ospf 1
R3(config-router)#router-id 3.3.3.3
R3(config-router)# network 172.16.3.0 0.0.0.255 area 0
R3(config-router)# network 172.31.1.0 0.0.0.255 area 0
```

步骤 4：配置路由器 R4。

```
R4(config)#router ospf 1
R4(config-router)#router-id 4.4.4.4
R4(config-router)#network 172.16.4.0 0.0.0.255 area 0
R4(config-router)#network 172.31.1.0 0.0.0.255 area 0
```

5 实验调试

（1）使用命令 show ip ospf neighbor 来查看邻居，确定 DR、BDR 与 DROTHER。

```
R1#show ip ospf neighbor
Neighbor ID     Pri   State          Dead Time   Address       Interface
4.4.4.4         1     FULL/DR        00:00:38    172.31.1.4    FastEthernet0/0
3.3.3.3         1     FULL/BDR       00:00:38    172.31.1.3    FastEthernet0/0
2.2.2.2         1     2WAY/DROTHER   00:00:38    172.31.1.2    FastEthernet0/0
//以上输出表明在该广播多路访问网络中,R4 是 DR,R3 是 BDR,R1 和 R2 为 DROTHER。R4、R3
//它们自己和任意的其他路由器都建立了邻接关系;而 R1 与 R2 之间的关系只是邻居;所达到的状态
//都是 2-WAY 状态。
```

（2）在 R1 与 R2 上分别使用 sh IP ospf int 也可以验证前面的结果。

```
R1#sh ip ospf int
```
只显示部分结果内容。
```
......
Process ID 1,Router ID 1.1.1.1,Network Type BROADCAST,Cost:1
Transmit Delay is 1 sec,State DROTHER,Priority 1
  Designated Router (ID) 4.4.4.4,Interface address 172.31.1.4
                         //DR 的路由器 ID 和接口地址
  Backup Designated Router (ID) 3.3.3.3,Interface address 172.31.1.3
                         //BDR 的路由器 ID 和接口地址
Timer intervals configured,Hello 10,Dead 40,Wait 40,Retransmit 5
......
Neighbor Count is 3,Adjacent neighbor count is 2
    Adjacent with neighbor 4.4.4.4 (Designated Router)
Adjacent with neighbor 3.3.3.3 (Backup Designated Router)

R3#sh ip ospf int
......
Internet address is 172.31.1.3/24,Area 0
Process ID 1,Router ID 3.3.3.3,Network Type BROADCAST,Cost:1
  Transmit Delay is 1 sec,State BDR,Priority 1
Designated Router (ID) 4.4.4.4,Interface address 172.31.1.4
  Backup Designated Router (ID) 3.3.3.3,Interface address 172.31.1.3
  Timer intervals configured,Hello 10,Dead 40,Wait 40,Retransmit 5
Neighbor Count is 3,Adjacent neighbor count is 3
Adjacent with neighbor 4.4.4.4 (Designated Router)
    Adjacent with neighbor 1.1.1.1
    Adjacent with neighbor 2.2.2.2
......
```

所以，从路由器 R1 和 R3 的不同结果可以看出，邻居关系和邻接关系是不能混为一谈的，邻居关系是指达到 2WAY 状态的两台路由器，而邻接关系是指达到 FULL 状态的两台路由器。

【实验说明】

（1）为了避免路由器之间建立完全邻接关系而引起的大量开销，OSPF 要求在多路访问的网络中选举一个 DR，每个路由器都与之建立邻接关系。选举 DR 的同时也选举出一个 BDR，在 DR 失效时，BDR 担负起 DR 的职责，而且所有其他路由器只与 DR 和 BDR 建立邻接关系。

（2）DR 和 BDR 有它们自己的组播地址 224.0.0.6。

（3）DR 和 BDR 的选举是以各个网络为基础的，也就是说，DR 和 BDR 选举是一个路由器的接口特性，而不是整个路由器的特性。

（4）DR 选举的原则：

1）首要因素是时间，最先启动的路由器被选举成 DR。

2）如果同时启动，或者重新选举，则看接口优先级（范围为 0～255），优先级最高的被选举成 DR。默认情况下，多路访问网络的接口优先级为 1，点到点网络接口优先级为 0，修改接口优先级的命令是 IP ospf priority，如果接口的优先级被设置为 0，那么该接口将不参与 DR 选举。

3）如果前两者相同，最后看路由器 ID，路由器 ID 最高的被选举成 DR。

（5）DR 选举是非抢占的，除非人为地重新选举。重新选举 DR 的方法有两种：一是路由器重新启动；二是执行 clear IP ospf process 命令。

第八章 ACL 与 NAT

实验一 ACL 访问控制列表

1 实验内容

（1）vlan10 和 vlan20 之间的主机，只能 PC1 和 PC3 通信。
（2）只有 vlan20 中的主机能 telnetSW1，使用标准的访问控制列表。
（3）vlan10 中只有 PC1 能 telnetR2，使用扩展的访问控制列表实现。

2 实验目的

（1）理解访问控制的工作过程。
（2）能够配置标准和扩展的访问控制列表。

3 实验原理

访问控制列表简称为 ACL，访问控制列表使用包过滤技术，在路由器上读取第三层及第四层包头中的信息如源地址、目的地址、源端口、目的端口等，根据预先定义好的规则对包进行过滤，从而达到访问控制的目的。

ACL 可以实现如下主要功能：

（1）检查和过滤数据包。
（2）提供对通信流量的控制手段。
（3）限制或减少不必要的路由更新。
（4）按照优先级或用户队列处理数据包。
（5）定义 VPN 的感兴趣流量。

Cisco ACL 有两种类型：标准 ACL 和扩展 ACL。

1）标准 ACL 最简单，是通过使用 IP 包中的源 IP 地址进行过滤，表号范围 1~99 或 1300~1999。

2）扩展 ACL 比标准 ACL 具有更多的匹配项，功能更加强大和细化，可以针对包括协议类型、源地址、目的地址、源端口、目的端口和 TCP 连接建立等进行过滤，表号范围 100~199 或 2000~2699。

表 8-1 所示为两种 ACL 的比较。

表 8-1 　　　　　　　　标准访问列表和扩展访问列表比较

标准 ACL	扩展 ACL
基于源地址 允许和拒绝完整的 TCP/IP 协议 编号范围 1~99 或 1300~1999	基于源地址和目标地址 指定 TCP/IP 的特定协议和端口号 编号范围 100~199 或 2000~2699

说明：标准型 ACL 功能非常简单；而扩展型 ACL 功能非常强大，匹配得更详细，对路由器等网络设备的性能要求更高，或者对于网速的拖慢更明显，组网时需要酌情使用。

ACL 工作方式的特征如下。

1）自上而下的处理方式：ACL 表项的检查按自上而下顺序进行，并且从第一个表项开始，最后默认为 deny any。一旦匹配某一条件，就停止检查后续的表项，所以必须考虑在 ACL 中语句配置的先后顺序。

2）遵循尾部添加表项原则：新的表项在不指定序号的情况下，默认被添加到 ACL 的末尾。

3）ACL 放置：尽量考虑将扩展 ACL 放在靠近源的位置上，保证被拒绝的数据包尽早拒绝，避免浪费网络带宽。另外，尽量使标准 ACL 靠近目的，由于标准 ACL 只使用源地址，如果将其靠近源会阻止数据包流向其他端口。

4）语句的位置：由于 IP 协议包含 ICMP、TCP 和 UDP，所以应将更具体的表项放在不太具体的表项前面，以保证位于另一语句前面的语句不会否定 ACL 中后面语句的作用。

5）3P 原则：对于每种协议（Per Protocol）每个接口（Per Interface）的每个方向（Per Direction）只能配置一个 ACL。

6）入站 ACL 和出站 ACL：当在接口上应用 ACL 时，用户要指明 ACL 是应用于流入数据还是流出数据。

4　实验拓扑

如图 8.1 为 ACL 配置实验拓扑图。

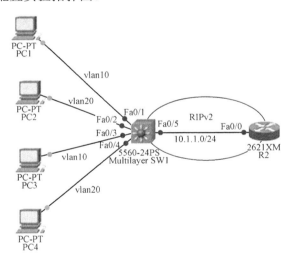

图 8.1　ACL 配置实验拓扑图

5　实验步骤

配置全网全通：在路由器上。

```
Router(config)#interface f0/0
Router(config-if)#ip address 10.1.1.2 255.255.255.0
//配置和三层交换相连的 IP 地址
Router(config-if)#no shutdown

Router(config)#router rip                    //启用 RIP
Router(config-router)#version 2              //版本 2
```

第八章　ACL 与 NAT

```
Router(config-router)#no auto-summary          //关闭自动汇总
Router(config-router)#network 10.0.0.0         //宣告网段
Router(config-router)#exit
```

在交换机上
```
Switch#vlan database                           // 进入 vlan 数据库
Switch(vlan)#vlan 10                           //创建 vlan10
Switch(vlan)#vlan 20                           //创建 vlan20
Switch(vlan)#exi

Switch(config)#inter range f0/1 ,f0/3          //分别将相应的接口划入相应的 vlan
Switch(config-if-range)#switchport mo access
Switch(config-if-range)#switchport access vlan 10
Switch(config-if-range)#exit

Switch(config)#interface range f0/2 ,f0/4
Switch(config-if-range)#switchport mode access
Switch(config-if-range)#switchport access vlan 20
Switch(config-if-range)#exit

Switch(config)#inter f0/5
Switch(config-if)#no switchport                //打开端口的第三层路由功能
Switch(config-if)#ip address 10.1.1.1 255.255.255.0
Switch(config-if)#exit

Switch(config)#interface vlan 10               //配置 vlan10 的地址
Switch(config-if)#ip address 192.168.10.254 255.255.255.0
Switch(config-if)#exit

Switch(config)#interface vlan 20               //配置 vlan20 的地址
Switch(config-if)#ip address 192.168.20.254 255.255.255.0
Switch(config-if)#exit

Switch(config)#router rip                      //启用 RIP
Switch(config-router)#version 2
Switch(config-router)#no auto-summary
Switch(config-router)#network 192.168.10.0
Switch(config-router)#network 192.168.20.0
Switch(config-router)#network 10.0.0.0
Switch(config-router)#exit
```

（1）实现 vlan10 和 vlan20 之间的主机，只能 PC1 和 PC3 通信。

```
Switch(config)#access-list 100 permit ip host 192.168.10.1 host 192.168.20.1
                                               //先允许 PC1 和 PC3 之间通信
Switch(config)#access-list 100 deny ip 192.168.10.0 0.0.0.255 192.168.20.0 0.0.0.255
                                               //拒绝这两个 vlan 之间的通信
Switch(config)#access-list 100 permit ip any any    //允许其他的流量
Switch(config)#interface vlan 10
Switch(config-if)#ip access-group 100 in       //接口调用
```

（2）Switch（config）#access-list 10 deny 192.168.10.0 0.0.0.255//拒绝 vlan10 的通信，标

准的访问控制列表

```
Switch(config)#access-list 10 permit any        //允许其他的流量
Switch(config)#line vty 0 4
Switch(config-line)#password 123
Switch(config-line)#login
Switch(config-line)#access-class 10 in          //VTY下调用访问控制列表
```

（3）

```
Router(config)#line vty 0 4
Router(config-line)#password 123
Router(config-line)#login
Router(config)#access-list 100 permit tcp host 192.168.10.1 host 10.1.1.2 eq 23
                                                //先允许PC1能telnetR2
Router(config)#access-list 100 deny tcp any host 10.1.1.2 eq 23
                                                //拒绝其他的主机能telnetR2
Router(config)#access-list 100 permit ip any any
                                                //允许其他的一切流量
Router(config)#interface f0/0
Router(config-if)#ip access-group 100 in        //接口下调用
```

实验二 NAT 网络地址转换

1 实验内容

（1）配置静态的 NAT，要求 PC1 能访问 R2。

（2）去掉静态的 NAT，配置动态 NAT，不使用端口复用，测试 PC2 是否能 Ping 通 R2。

（3）使用动态 NAT，利用端口复用，测试 PC2 是否能 PING 通 R2。

（4）配置 PAT，要求所有 PC 都能够访问 R2。

2 实验目的

学会配置静态、动态 NAT、PAT。

3 实验原理

NAT（Network Address Translation，网络地址翻译）是网络地址转换技术，允许一个机构以一个地址出现在 Internet 上。NAT 技术使得一个私有网络可以通过 Internet 注册 IP 连接到外部世界，位于 Inside 网络和 Outside 网络中的 NAT 路由器在发送数据包之前，将内部网络的 IP 地址转换成一个合法 IP 地址，反之亦然。

NAT 的分类：

（1）静态 NAT。在静态 NAT 中，内部网络中的每个主机都被永久映射成外部网络中的某个合法地址。静态 NAT 将内部本地地址与内部全局地址进行一对一转换。如果内部网络有 E-mail 服务器或 FTP 服务器等可以为外部用户提供服务,这些服务器的 IP 地址必须采用静态地址转换，以便外部用户可以访问这些服务。

（2）动态 NAT。是动态一对一的映射。动态 NAT 首先要定义合法地址池，然后采用动态分配方法映射到内部网络。

（3）NAT 过载/端口复用/PAT/PNAT。PAT 则是把内部地址映射到外部网络 IP 地址的不同端口上，从而可以实现多对一的映射。由上面推论，PAT 理论上可以同时支持（65535-1024）=64511 个会话连接。但是实际使用中，由于设备性能和物理连接特性是不能达到的，Cisco 的路由器 NAT 功能中每个公共 IP 最多能有效地支持大约 4000 个会话。另外，PAT 对于节省 IP 地址是最有效的。

NAT 主要优点：

（1）NAT 允许对内部网络实行私有编址，从而维护合法注册的公有编址方案，并节省 IP 地址。

（2）NAT 增强了与公有网络连接的灵活性。

（3）NAT 为内部网络编址方案提供了一致性。

（4）NAT 提供了网络安全性。由于私有网络在实施 NAT 时不会通告其地址或内部拓扑，因此有效确保内部网络的安全，不过，NAT 不能完全取代防火墙。

NAT 主要缺点：

（1）参与 NAT 功能设备的性能被降低，NAT 会增加交换延迟。

（2）端到端功能减弱，因为 NAT 会更改端到端地址，因此会阻止一些使用 IP 寻址的应用程序。

（3）经过多个 NAT 地址转换后，数据包地址已改变很多次，因此跟踪数据包将更加困难，排除故障也更具挑战性。

（4）使用 NAT 也会使隧道协议（如 IPsec）更加复杂，因为 NAT 会修改数据包头部中的值，从而干扰 IPsec 和其他隧道协议执行的完整性检查。

相关概念如下。

内部本地（Inside Local）地址：通常是 RFC1918 私有地址。

内部全局（Inside Global）地址：当内部主机流量流出 NAT 路由器时分配给内部主机的有效公有地址。

外部本地（Outside Local）地址：分配给外部网络上主机的本地 IP 地址，大多数情况下，此地址与外部设备的外部全局地址相同。

外部全局（Outside Global）地址：分配给 Internet 上主机的可达 IP 地址。

私有地址：

```
A:10.0.0.0      -    1.255.255.255
B:172.16.0.0    -    172.31.255.255
C:192.168.0.0   -    192.168.255.255
```

4　实验拓扑

如图 8.2 所示为 NAT 配置实验拓扑图。

5　实验步骤

首先是基础配置，配置 R1 和 R2 的接口地址：

在 R2 上：

```
R2(config)#interface s0/0
R2config-if)#ip address 102.1.1.2 255.255.255.0
R2(config-if)#no shutdown
```

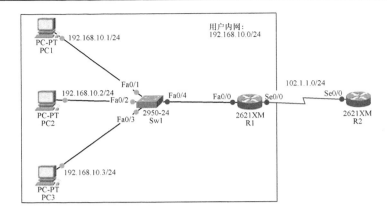

图 8.2 NAT 配置实验拓扑图

在 R1 上：

```
R1(config)#interface f0/0
R1(config-if)#ip address 192.168.10.254 255.255.255.0
R1(config-if)#no shu
R1(config-if)#exit
R1(config)#interface s0/0
R1(config-if)#ip address 102.1.1.1 255.255.255.0
R1(config-if)#clock rate 64000
R1(config-if)#no shutdown
```

（1）配置静态 NAT。在没有做任何配置之间 PC 是不能 Ping 通 R2 的，因为 R2 不能回包。

```
R1(config)#ipnat inside source static 192.168.10.1 102.1.1.1  //配置静态 nat
R1(config)#interface f0/0
R1(config-if)#ipnat inside   //接口调用
R1(config-if)#inter s0/0
R1(config-if)#ipnat outside  //接口调用
R1(config-if)#exit
```
此时 PC1 已能 Ping 通 R2,但是 PC2 不能 Ping 通。

（2）配置动态 NAT。

在 R1 上：

```
R1(config)#no ipnat inside source static 192.168.10.1 102.1.1.1   //删除静态 nat
R1(config)#access-list 10 permit 192.168.10.0 0.0.0.255
    // 定义要被地址翻译的主机地址的范围
R1(config)#ipnat pool NJopenlab 102.1.1.1 102.1.1.5 netmask 255.255.255.0
    //定义 nat 地址池
R1(config)#ipnat inside source list 10 pool NJopenlab         //配置动态映射
R1#clear ipnat translation *                                  //清空 nat 转换表
R1(config)#ipnat inside source list 10 pool NJopenlaboverload
R1#clear ipnat translation *
```
此时，所有的 PC 都能 Ping 通 R2。

（3）配置 PAT。

先删除动态 nat。

```
R1(config)#no ipnat inside source list 10 pool NJopenlab
```
然后配置 PAT：
```
R1(config)#ipnat inside source list 10 interface s0/0 overload
R1#clear ipnat translation *
```
此时，所有的 PC 都能访问 R2。就算 S0/0 的地址改变，依然不影响通信。
```
R1(config)#interface s0/0
R1(config-if)#ip address 102.1.1.3 255.255.255.0
R1(config-if)#no shutdown
```

第九章 HDLC 和 PPP

实验准备知识

1 HDLC

HDLC 是点到点串行线路上（同步电路）的帧封装格式，其帧格式和以太网帧格式有很大的差别，HDLC 帧没有源 MAC 地址和目的 MAC 地址。Cisco 公司对 HDLC 进行了专有化，Cisco 的 HDLC 封装和标准的 HDLC 不兼容。如果链路的两端都是 Cisco 设备，使用 HDLC 封装没有问题，但如果 Cisco 设备与非 Cisco 设备进行连接，应使用 PPP 协议。HDLC 不能提供验证，缺少了对链路的安全保护。默认时，Cisco 路由器的串口采用 Cisco HDLC 封装。如果串口的封装不是 HDLC，要把封装改为 HDLC 使用命令 encapsulation hdlc。

2 PPP

PPP 也是串行线路上（同步电路或者异步电路）的一种帧封装格式，但是 PPP 可以提供对多种网络层协议的支持。PPP 支持认证、多链路捆绑、回拨、压缩等功能。

PPP 经过以下 4 个过程在一个点到点的链路上建立通信连接。

（1）链路的建立和配置协调：通信的发起方发送 LCP 帧来配置和检测数据链路。

（2）链路质量检测：在链路已经建立、协调之后进行，这一阶段是可选的。

（3）网络层协议配置协调：通信的发起方发送 NCP 帧，以选择并配置网络层协议。

（4）关闭链路：通信链路将一直保持到 LCP 或 NCP 帧关闭链路或发生一些外部事件。

3 PPP 认证

（1）PAP。PAP（Password AuthenticationProtocol，密码验证协议）利用 2 次握手的简单方法进行认证。在 PPP 链路建立完毕，源节点不停地在链路上反复发送用户名和密码，直到验证通过。PAP 的验证中，密码在链路上是以明文传输的，而且由于是源节点控制验证重试频率和次数，因此 PAP 不能防范再生攻击和重复的尝试攻击。

（2）CHAP。CHAP（Challenge Handshake Authentication Protocol，询问握手验证协议）利用 3 次握手周期地验证源端节点的身份。CHAP 验证过程在链路建立之后进行，而且在以后的任何时候都可以再次进行。这使得链路更安全；CHAP 不允许连接发起方在没有收到询问消息的情况下进行验证尝试。CHAP 每次使用不同的询问消息，每个消息都是不可预测的唯一值，CHAP 不直接传送密码，只传送一个不可预测的询问消息，以及该询问消息与密码经过 MD5 加密运算后的加密值。所以 CHAP 可以防止再生攻击，CHAP 的安全性比 PAP 高。

实验一 HDLC 和 PPP 封装

1 实验内容

学习和掌握在串行链路上接口两端用 HDLC、PPP 封装。

2　实验目的
（1）串行链路上的封装概念。
（2）HDLC 封装。
（3）PPP 封装

3　实验拓扑
实验拓扑图如图 9.1 所示。

4　实验步骤
步骤 1：在 R1 和 R2 路由器上配置 IP 地址、保证直连链路的连通性。

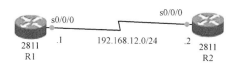

图 9.1　实验一拓扑图

```
R1(config)#int s0/0/0
R1(config-if)#ip address 192.168.12.1 255.255.255.0
R1(config-if)#no shutdown

R2(config)#int s0/0/0
R2(config-if)#clock rate 128000
R2(config-if)#ip address 192.168.12.2 255.255.255.0
R2(config-if)#no shutdown

R1#show interfaces s0/0/0
Serial0/0/0 is up, line protocol is up
Hardware is GT96K Serial
Internet address is 192.168.12.1/24
MTU 1500 bytes, BW 128 Kbit, DLY 20000 usec,
reliability 255/255, txload 1/255, rxload 1/255
 Encapsulation HDLC, loopback not set
//该接口的默认封装为 HDLC 封装
……（此处省略）
```

步骤 2：改变串行链路两端的接口封装为 PPP 封装。

```
R1(config)#int s0/0/0
R1(config-if)#encapsulation ppp

R2(config)#int s0/0/0
R2(config-if)#encapsulation ppp

R1#show int s0/0/0
Serial0/0/0 is up, line protocol is up
Hardware is GT96K Serial
Internet address is 192.168.12.1/24
MTU 1500 bytes, BW 128 Kbit, DLY 20000 usec,
reliability 255/255, txload 1/255, rxload 1/255
Encapsulation PPP, LCP Open//该接口的封装为 PPP 封装
Open: IPCP, CDPCP, loopback not set //网络层支持 IP 和 CDP 协议
……（此处省略）
```

5 实验调试

（1）测试 R1 和 R2 之间串行链路的连通性。

```
R1#ping 192.168.12.2
Type escape sequence to abort.
Sending 5, 100-byte ICMP Echos to 192.168.12.2, timeout is 2 seconds:
!!!!!
Success rate is 100 percent (5/5), round-trip min/avg/max = 12/13/16 ms
```

如果链路的两端封装相同，则 Ping 测试应该正常。

（2）链路两端封装不同协议。

```
R1(config)#int s0/0/0
R1(config-if)#encapsulation ppp

R2(config)#int s0/0/0
R2(config-if)#encapsulation hdlc
R1#show int s0/0/0
Serial0/0/0 is up, line protocol is down  //两端封装不匹配，导致链路故障
……
```

【实验说明】显示串行接口时，常见状态如下：

```
Serial0/0/0 is up, line protocol is up
//链路正常
Serial0/0/0 is administratively down, line protocol is down
//没有打开该接口，执行 no shutdown 可以打开接口
Serial0/0/0 is up, line protocol is down
//物理层正常，数据链路层有问题，通常是没有配置时钟、两端封装不匹配、PPP 认证错误
Serial0/0/0 is down, line protocol is down
//物理层故障，通常是连线问题
```

实验二 PAP 认 证

1 实验目的

PAP 认证的配置方法。

2 实验拓扑

实验拓扑图如图 9.1 所示。

3 实验步骤

在本章实验一的基础上继续本实验。首先配置路由器 R1（远程路由器，被认证方），在路由器 R2（中心路由器，认证方）用 PAP 取得验证（单向认证）。

（1）两端路由器上的串口采用 PPP 封装，用 encapsulation 命令：

```
R1(config)#int s0/0/0
R1(config-if)#encapsulation ppp
```

（2）在远程路由器 R1 上，配置在中心路由器上登录的用户名和密码，使用"ppp pap sent-username 用户名 password 密码"命令：

```
R1(config-if)#ppp pap sent-username R1 password 123456
```

(3) 在中心路由器上的串口采用 PPP 封装，用 encapsulation 命令：

```
R2(config)#int s0/0/0
R2(config-if)#encapsulation ppp
```

(4) 在中心路由器上配置 PAP 验证，使用 ppp authentication pap 命令：

```
R2(config-if)#ppp authentication pap
```

这时出现如下信息：

```
%LINEPROTO-5-UPDOWN: Line protocol on Interface Serial0/0/0, changed state to down
```

这说明没有登记交费的用户无法访问连接。链路的状态为 down。

(5) 中心路由器上为远程路由器设置用户名和密码，使用 "username 用户名 password 密码" 命令：

```
R2(config)#username R1 ?
  password   Specify the password for the user
  privilege  Set user privilege level
  secret     Specify the secret for the user

R2(config)#username R1 password 123456
```

这时会发现：

```
%LINEPROTO-5-UPDOWN: Line protocol on Interface Serial0/0/0, changed state to up
```

【实验说明】以上步骤只是配置了 R1（远程路由器）在 R2（中心路由器）取得验证，即单向验证。也可以是采用双向验证，即 R2 要验证 R1，而 R1 也要验证 R2。要采用类似的步骤进行配置 R1 对 R2 的验证，这时 R1 为中心路由器，R2 为远程路由器了。

(6) 在中心路由器 R1 上，配置 PAP 验证，使用 ppp authentication pap 命令：

```
R1(config-if)#pppauthentication pap
```

(7) 在中心路由器 R1 上为远程路由器 R2 设置用户名和密码，使用 "username 用户名 password 密码" 命令：

```
R1(config)#username R2 password 654321
```

(8) 在远程路由器 R2 上，配置以什么用户名和密码在远程路由器上登录，使用 "ppp pap sent-username 用户名 password 密码" 命令：

```
R2(config-if)#ppp pap sent-username R2 password 654321
```

实验三 CHAP 认证

1 实验目的

CHAP 认证的配置方法。

2 实验拓扑

实验拓扑图如图 9.1 所示。

3 实验步骤

在本章实验一的基础配置上继续本实验。

(1) 使用"username 用户名 password 密码"命令为对方配置用户名和密码,需要注意的是两方的密码要相同:

```
R1(config)#username R2 password hello
R2(config)#username R1 password hello
```

(2) 路由器的两端串口采用 PPP 封装,并采用配置 CHAP 验证:

```
R1(config)#int s0/0/0
R1(config-if)#encapsulation ppp
R1(config-if)#ppp authentication chap
R2(config)#int s0/0/0
R2(config-if)#encapsulation ppp
R2(config-if)#ppp authentication chap
```

上面是 CHAP 验证的最简单配置,也是实际应用中最常用的配置方式。配置时要求用户名为对方路由器名,而双方密码必须一致。原因:由于 CHAP 默认使用本地路由器的名字做为建立 PPP 连接时的识别符。路由器在收到对方发送过来的询问消息后,将本地路由器的名称作为身份标识发送给对方;而在收到对方发过来的身份标识之后,默认使用本地验证方法,即在配置文件中寻找,看有没有用户身份标识和密码;如果有,计算加密值,结果正确则验证通过;否则验证失败,连接无法建立。

第十章 基于 Socket 的 UDP 和 TCP 编程

实验 基于 Socket 的 UDP 和 TCP 编程

1 实验内容

（1）学习 Socket 套接字。

（2）编写、调试 UDP 传输和 TCP 传输中服务器端和客户端程序。

2 实验目的

（1）掌握 Socket 套接字的应用。

（2）掌握 UDP 传输中服务器端和客户端程序的设计。

（3）掌握 TCP 传输中服务器端和客户端程序的设计。

3 实验环境要求

Visual C++6.0。

4 实验理论

4.1 Windows Socket 简介

Windows Socket 简称 winsocket，是从 UNIX Socket 继承发展而来的。Socket 的出现，使程序员可以很方便地访问 TCP/IP 协议，已成为开发网络应用程序非常有效、快捷的工具。进行 Windows 网络编程，需要在开发程序中包含头文件 Winsock2.h，同时需要使用库 ws2_32.lib，包含办法可以通过语句在编译时调用该库：

```
#pragma comment(lib, "ws2_32.lib");
```

如果使用 Visual C++6.0，可以通过"工程"→"设置"→"工程设置"→"链接"→"对象/库模块"中加入 ws2_32.lib。

Socket 通常也称为套接字、套接口，用于描述 IP 地址和端口，是一个通信链的句柄。应用程序通常通过"套接口"向网络发出请求或者应答网络请求。Socket 接口是 TCP/IP 网络的 API，Socket 接口定义了许多函数或例程，程序员可以用它们来开发 TCP/IP 网络上的应用程序。要学 Internet 上的 TCP/IP 网络编程，必须理解 Socket 接口。网络的 Socket 数据传输是一种特殊的 I/O，Socket 也是一种文件描述符。Socket 也具有一个类似于打开文件的函数调用 Socket()，该函数返回一个整型的 Socket 描述符，随后的连接建立、数据传输等操作都是通过该 Socket 实现的。常用的 Socket 类型有两种：

流式 Socket（SOCK_STREAM）是一种面向连接的 Socket，对应于面向连接的 TCP 服务应用。流式 Socket 提供了一个面向连接、可靠的数据传输服务，数据无差错、无重复的发送且按发送顺序接收。内设置流量控制，可避免数据流淹没慢的接收方。数据被看做是字节流，无长度限制。

数据报式 Socket（SOCK_DGRAM）是一种无连接的 Socket，对应于无连接的 UDP 服务应用。数据报式 Socket 提供无连接服务。数据报以独立的形式发送，不提供无差错保证，数据可能丢失或重复，顺序发送，可能乱序接收。

除上述两种常用类型外，Socket 接口还定义了原始 Socket（SOCK_RAW），允许程序使用低层协议。使用 Winsock API 编制的网络应用程序中，在调用任何一个 Winsock 函数之前都必须检查协议栈安装情况，使用函数 WSAStartup()完成操作。

```
int WSAStartup(
            WORD wVersionRequested,
            LPWSADATA lpWSAData
        );
```

wVersionRequested 是一个 WORD 型（双字节型）数值，指定使用的版本号，对 Winsock2.2 而言，此参数的值为 0x0202，也可以用宏 MAKEWORD（2，2）来获得。

lpWSAData 是一个指向 WSADATA 结构的指针，它返回关于 Winsock 实现的详细信息。

实例：

```
#include <Winsock2.h>
WORD wVersionRequested;
WSADATA wsaData;
wVersionRequested=MAKEWORD(2,2);
if(WSAStartup(wVersionRequested,&wsaData)!=0)
{
        //Winsock 初始化错误
        return;
}
if(wsaData.wVersion!=wVersionRequested)
{
        //Winsock 版本不匹配
        WSACleanup();
        return;
}
//说明 WinsockDLL 正确加载，可以执行以下代码
```

（1）socket 建立- socket()。

socket 函数原型为

```
SOCKET socket(int domain, int type, int protocol);
```

Domain 参数说明套接字接口要使用的协议地址族，地址族与协议族含义相同。如果想建立一个 TCP 或 UDP，只能用常量 AF_INET 表示使用因特网协议（IP）地址。Winsock 还支持其他协议，但一般很少使用。

Type 参数描述套接口的类型，domain 是 AF_INET 的时候只能为 SOCK_STREAM、SOCK_DGRAM 或 SOCK_RAW。

Protocol 说明该套接口使用的特定协议，当协议地址族 domain 和协议类型 type 确定后，协议字段可以使用的值是限定的，见表 10-1。

表 10-1　　　　　　　　　　　　各个不同的协议字段

协议	地址族	套接口类型	套接口类型使用的值	协议字段
因特网协议（IP）	AF_INET	TCP	SOCK_STREAM	IPPROTO_TCP

续表

协议	地址族	套接口类型	套接口类型使用的值	协议字段
因特网协议（IP）	AF_INET	UDP	SOCK_DGRAM	IPPROTO_UDP
		Raw	SOCK_RAW	IPPROTO_RAW IPPROTO_ICMP

socket()调用返回值是一个指向内部数据结构的指针，它指向描述符表的入口。调用 socket 函数时，socket 执行体将建立一个 socket，意味着为一个 socket 数据结构分配存储空间。两个网络程序之间的一个网络连接包括五种信息：通信协议、本地协议地址、本地主机端口、远端主机地址和远端协议端口。Socket 数据结构中包含这五种信息。

（2）socket 配置-bind()函数。通过 socket()调用返回一个描述符后，在使用 socket 实现网络传输以前，必须配置该 socket。面向连接的 socket 客户端通过调用 connect 函数在 socket 数据结构中保存本地和远端信息。无连接 socket 的客户端和服务器端以及面向连接的服务器端通过调用 bind 函数来配置本地信息。为了区分一台主机接收到的数据包应该递交给哪个进程来进行处理，需要使用端口号。bind 函数将 socket 与本机上的一个端口相关联，随后就可在该端口监听服务请求。

bind 函数原型为

```
int bind (SOCKET s, struct sockaddr * name, int namelen);
```

s 是调用 socket 函数返回的 socket 描述符。

name 是一个指向包含有本机 IP 地址及端口号等信息的 sockaddr 类型的指针。

namelen 常被设置为 sizeof（struct sockaddr）。

struct sockaddr 结构类型是用来保存 socket 信息的：

```
struct sockaddr {
unsigned short sa_family;//地址族, AF_xxx
char sa_data[14];//14 字节的协议地址
};
```

sa_family 一般为 AF_INET，代表 Internet（TCP/IP）地址族。

sa_data 则包含该 socket 的 IP 地址和端口号。

另外还有一种结构类型：

```
struct sockaddr_in {
short int sin_family;//地址族
unsigned short int sin_port;//端口号
struct in_addr sin_addr;//IP 地址
unsigned char sin_zero[8];//填充 0 以保持与 struct sockaddr 同样大小
};
```

这个结构使用更方便。Sin_zero 用来将 sockaddr_in 结构填充到与 struct sockaddr 同样的长度，可以用 bzero()或 memset()函数将其置为零。指向 sockaddr_in 的指针和指向 sockaddr 的指针可以相互转换，这意味着如果一个函数所需参数类型是 sockaddr 时，可以在函数调用时将一个指向 sockaddr_in 的指针转换为指向 sockaddr 的指针；或者相反。

使用 bind 函数时，可以用下面的赋值实现自动获得本机 IP 地址和随机获取一个没有被占用的端口号：

```
my_addr.sin_port=0;//系统随机选择一个未被使用的端口号
my_addr.sin_addr.s_addr=INADDR_ANY;// 填入本机 IP 地址
```

通过将 my_addr.sin_port 置为 0，函数会自动选择一个未占用的端口来使用。同样，通过将 my_addr.sin_addr.s_addr 置为 INADDR_ANY，系统会自动填入本机 IP 地址。

> **注意**
>
> 在使用 bind 函数时需要将 sin_port 和 sin_addr 转换成为网络字节优先顺序。

计算机数据存储有两种字节优先顺序：高位字节优先和低位字节优先。Internet 上数据以高位字节优先顺序在网络上传输，所以对于在内部是以低位字节优先方式存储数据的机器，在 Internet 上传输数据时就需要进行转换，否则就会出现数据不一致。

大尾端（Big-Endian）：字节的高位在内存中存放在存储单元的起始位置。

图 10.1 为大尾端字节序图。

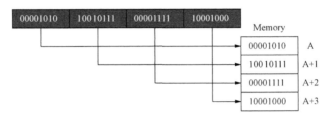

图 10.1 大尾端字节序图

小尾端（Little-Endian）：与大尾端相反。

字节顺序转换函数：

1) htonl()：把 4 字节主机字节序转换成网络字节序。
2) htons()：把 2 字节主机字节序转换成网络字节序。
3) ntohl()：把 4 字节网络字节序转换成主机字节序。
4) ntohs()：把 2 字节网络字节序转换成主机字节序。

bind()函数在成功被调用时返回 0；出现错误时返回 "-1" 并将 errno 置为相应的错误号。需要注意的是，在调用 bind 函数时一般不要将端口号置为小于 1024 的值，因为 1～1024 是保留端口号，是分配给某些服务的固定端口号。可以选择大于 1024 中的任何一个没有被占用的端口号，这些端口号不固定分配给某种服务，而是动态分配。当一个系统进程或应用进程需要网络通信时，它向主机申请一个端口，主机从可用的端口号中分配一个供它使用。当这个进程关闭时，同时也就释放了所占用的端口号。

bind()实例：

```
#include <Winsock2.h>
SOCKET s;
sockaddr_in tcpaddr;
int iSockErr;
int port=5000;//端口号
s=socket(AF_INET, SOCK_STREAM, IPPROTO_TCP);
tcpaddr.sin_family=AF_INET;
```

```
tcpaddr.sin_port=htons(port);
tcpaddr.sin_addr.s_addr=htonl(INADDR_ANY);
if(bind(s,(LPSOCKADDR)&tcpaddr,sizeof(tcpaddr))==SOCKET_ERROR){
    iSockErr=WSAGetLastError();
    //根据不同的错误类型进行不同的处理
    return;
}
```

函数调用成功，进行其他处理。

（3）监听-listen()函数。在一个服务器端调用 socket()成功创建了一个套接口，并用 bind()函数和一个指定的地址关联后，就需要指示该套接口进入监听连接请求状态，这需要通过 listen()函数来实现。

```
int listen(SOCKET s, int backlog);
```

s 代表一个已绑定了的地址，但还未建立连接的套接口描述字。

Backlog 指定了正在等待连接的最大队列长度。Backlog 对队列中等待服务请求的数目进行了限制，大多数系统缺省值为 20。如果一个服务请求到来时，输入队列已满，该 socket 将拒绝连接请求，客户将收到一个出错信息。当出现错误时 listen()函数返回-1，并置相应的 errno 错误码。

（4）客户端请求连接-connect()函数。面向连接的客户程序使用 connect()函数来配置 socket 并与远端服务器建立一个 TCP 连接，其函数原型为

```
int connect(SOCKET s, struct sockaddr *serv_addr, int addrlen);
```

s 是 socket 函数返回的 socket 描述符；serv_addr 是包含远端主机 IP 地址和端口号的指针；addrlen 是远端地址结构的长度。connect()函数在出现错误时返回-1，并且设置 errno 为相应的错误码。

进行客户端程序设计无需调用 bind()，因为这种情况下只需要知道目的机器 IP 地址，而客户通过哪个端口与服务器建立连接并不需要关心，socket 执行体为程序自动选择一个未被占用的端口。connect 函数启动和远端主机的直接连接。只有面向连接的客户程序使用 socket 时才需要将此 socket 与远端主机相连。无连接协议无需建立直接连接。面向连接的服务器也无需启动连接，只是被动地在协议端口监听客户的请求。

listen()函数使 socket 处于被动监听模式，并为该 socket 建立一个输入数据队列，将到达的服务请求保存在此队列中，直到程序处理它们。

（5）服务器端接收连接-accept()函数。accept()函数让服务器接收客户的连接请求。在建立好输入队列后，服务器就调用 accept()函数，然后睡眠并等待客户的连接请求。

```
int accept(SOCKET s, void *addr, int *addrlen);
```

s 是被监听的 socket 描述符，addr 是一个指向 sockaddr_in 变量的指针，该变量用来存放提出连接请求服务的主机信息（某台主机从某个端口发出该请求）；addrten 为一个指向值为 sizeof (struct sockaddr_in) 的整型指针变量。出现错误时，accept()函数返回-1 并置相应的 errno 值。

首先，当 accept()函数监听的 socket 收到连接请求时，socket 执行体将建立一个新的 socket，执行体将这个新 socket 和请求连接进程的地址联系起来，收到服务请求的初始 socket 仍可以

继续在以前的 socket 上监听，同时可以在新的 socket 描述符上进行数据传输操作。

（6）数据传输。

1）面向连接的 socket 上进行数据传输 send() 和 recv()。send() 和 recv() 这两个函数用于面向连接的 socket 上进行数据传输。

send() 函数原型为

```
int send (SOCKET s, const void *msg, int len, int flags);
```

s 是用来传输数据的 socket 描述符；msg 是一个指向要发送数据的指针；Len 是以字节为单位的数据长度；flags 一般情况下置为 0。

send() 函数返回实际上发送出的字节数，可能会少于希望发送的数据。在程序中应该将 send() 的返回值与欲发送的字节数进行比较。当 send() 返回值与 len 不匹配时，应该对这种情况进行处理。

```
char *msg="Hello!";
int len, bytes_sent;
……
len=strlen (msg);
bytes_sent=send (s, msg, len, 0);
……
```

recv() 函数原型为

```
int recv (SOCKET s, void *buf, int len, unsigned int flags);
```

s 是接受数据的 socket 描述符；buf 是存放接收数据的缓冲区；len 是缓冲的长度。Flags 也被置为 0。recv() 返回实际上接收的字节数，当出现错误时，返回-1 并置相应的 errno 值。

2）无连接的 socket 上进行数据传输 sendto() 和 recvfrom()。由于本地 socket 并没有与远端机器建立连接，所以在发送数据时应指明目的地址。

sendto() 函数原型为

```
int sendto (SOCKET s, const void *msg, int len, unsigned int flags, const struct sockaddr *to, int tolen);
```

该函数比 send() 函数多了两个参数，to 表示目地机的 IP 地址和端口号信息，而 tolen 常常被赋值为 sizeof（struct sockaddr）。sendto 函数也返回实际发送的数据字节长度或在出现发送错误时返回-1。

recvfrom() 函数原型为

```
int recvfrom (SOCKET s, void *buf, int len, unsigned int flags, struct sockaddr *from, int *fromlen);
```

From 是一个 struct sockaddr 类型的变量，该变量保存源机的 IP 地址及端口号。Fromlen 常置为 sizeof（struct sockaddr）。当 recvfrom() 返回时，fromlen 包含实际存入 from 中的数据字节数。recvfrom() 函数返回接收到的字节数或当出现错误时返回-1，并置相应的 errno。

如果数据报 socket 调用了 connect() 函数时，也可以利用 send() 和 recv() 进行数据传输，但该 socket 仍然是数据报 socket，并且利用传输层的 UDP 服务。但在发送或接收数据报时，内核会自动为之加上目地和源地址信息。

（7）结束传输。当所有的数据操作结束后，可调用 close()函数来释放该 socket，从而停止在该 socket 上的任何数据操作：

```
close(s);
```

也可以调用 shutdown()函数来关闭该 socket。该函数可实现在某个方向上停止数据的传输，而另一个方向上的数据传输继续进行。如可以关闭 socket 的写操作而允许继续在该 socket 上接受数据，直至读入所有数据。

```
int shutdown(SOCKET s, int how);
```

s 是需要关闭的 socket 的描述符。参数 how 允许为 shutdown 操作选择以下几种方式：
1) 0——不允许继续接收数据。
2) 1——不允许继续发送数据。
3) 2——不允许继续发送和接收数据。

shutdown 在操作成功时返回 0，在出现错误时返回-1 并置相应的 errno。

4.2 TCP 和 UDP 介绍

TCP（传输控制协议）和 UDP（用户数据报协议）是网络体系结构 TCP/IP 模型中传输层中的两个不同的通信协议。

TCP：传输控制协议，一种面向连接的协议，给用户进程提供可靠的全双工的字节流，TCP 套接口是字节流套接口（stream socket）的一种。

UDP：用户数据报协议，一种无连接协议，UDP 套接口是数据报套接口（datagram socket）的一种。

（1）基本 TCP 客户—服务器程序设计基本框架如图 10.2 所示。

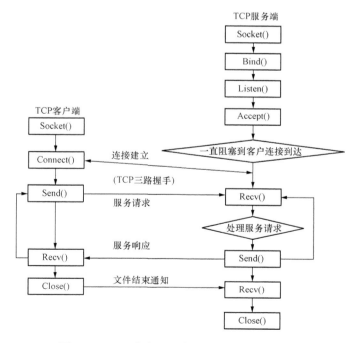

图 10.2 TCP 客户—服务器程序设计基本框架

（2）基本 UDP 客户—服务器程序设计基本框架流程图如图 10.3 所示。

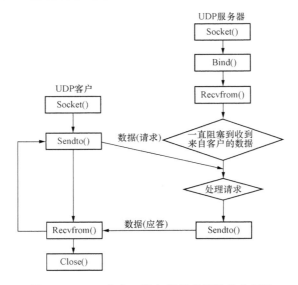

图 10.3　UDP 客户—服务器程序设计基本框架

（3）TCP 和 UDP 的比较，见表 10-2。从 TCP 和 UDP 的流程图比较可以看出，UDP 处理的细节比 TCP 少，UDP 没有三次握手过程。UDP 不能保证消息被传送到目的地，也不保证数据包的传送顺序。

TCP 优点：

1）TCP 保证可靠的、顺序的（数据包以发送的顺序接收）以及不会重复的数据传输。

2）TCP 进行流控制。

3）允许数据优先。

4）如果数据没有传送到，则 TCP 套接口返回一个出错状态条件。

5）TCP 通过保持连接并将数据块分成更小的分片来处理大数据块。

TCP 缺点：TCP 在转移数据时必须创建（并保持）一个连接。这个连接给通信进程增加了开销，让它比 UDP 速度要慢。

UDP 优点：

1）UDP 不要求保持一个连接。

2）UDP 没有因接收方认可收到数据包（或者当数据包没有正确抵达而自动重传）而带来的开销。

3）设计 UDP 的目的是用于短应用和控制消息。

4）在一个数据包连接一个数据包的基础上，UDP 要求的网络带宽比 TCP 更小。

UDP 缺点：UDP 不能保证消息被传送到目的地及数据包的传送顺序。

表 10-2　　　　　　　　　　　　　　TCP 和 UDP 的区别

TCP	UDP
面向连接	面向非连接
传输速度慢	传输速度快

续表

TCP	UDP
保证数据顺序	不保证数据顺序
保证数据的正确性	有丢包的可能
对系统资源要求多	对系统资源要求少

4.3 TCP 编程实例

基于 TCP 的客户/服务器——服务器端的工作流程：首先调用 Socket()函数创建一个 Socket，然后调用 bind()函数将其（Socket）与本机地址以及一个本地端口号绑定，然后调用 listen 在相应服务器端的 socket 上监听，当 accpet 接收到一个连接服务请求时，将生成一个新的 socket。服务器显示该客户机的 IP 地址，并通过新的 socket 向客户端发送字符串 "I am a server!"。最后关闭该 socket。

基于 TCP 的客户/服务器——服务器端代码：

```cpp
// server.cpp : 定义控制台应用程序的入口点
#include "stdafx.h"
#include <Winsock2.h>
#include <stdio.h>
#include <stdlib.h>
#define DEFAULT_PORT 5050                    //服务端默认端口
int _tmain (int argc, char* argv[])
{
    int      iPort=DEFAULT_PORT;
    WSADATA  wsaData;
SOCKET sListen, sAccept;
int     iLen;                              //客户地址长度
int     iSend;                             //发送数据长度
char    buf[]="I am a server";             //要发送给客户的信息
struct sockaddr_in ser, cli;               //服务器和客户的地址
if(WSAStartup (MAKEWORD (2,2), &wsaData)!=0)
{
    printf("Failed to load Winsock.\n");
    return -1;
}
sListen=socket(AF_INET, SOCK_STREAM, 0);   //创建服务器端套接口
if(sListen==INVALID_SOCKET)
{
    printf("socket() Failed: %d\n", WSAGetLastError());
    return -1;
}
//以下建立服务器端地址
//使用IP地址族
ser.sin_family=AF_INET;
//使用htons()把双字节主机序端口号转换为网络字节序端口号
ser.sin_port=htons(iPort);
//htonl()把一个四字节主机序IP地址转换为网络字节序主机地址
//使用系统指定的IP地址 INADDR_ANY
ser.sin_addr.s_addr=htonl(INADDR_ANY);
```

```cpp
    //bind()函数进行套接定与地址的绑定
    if(bind(sListen,(LPSOCKADDR)&ser,sizeof(ser))==SOCKET_ERROR)
    {
        printf("bind() Failed: %d\n",WSAGetLastError());
        return -1;
    }
    //进入监听状态
    if(listen(sListen,5)==SOCKET_ERROR)
    {
        printf("lisiten() Failed: %d\n",WSAGetLastError());
        return -1;
    }
    //初始化客户地址长度参数
    iLen=sizeof(cli);
    //进入一个无限循环,等待客户的连接请求
    while(1)
    {
        sAccept=accept(sListen,(struct sockaddr *)&cli,&iLen);
        if(sAccept==INVALID_SOCKET)
        {
            printf("accept() Failed: %d\n",WSAGetLastError());
            return -1;
        }
        //输出客户IP地址和端口号
        printf("Acceptedclient IP: [%s], port: [%d]\n",inet_ntoa(cli.sin_addr),
        ntohs(cli.sin_port));
        //给连接的客户发送信息
        iSend=send(sAccept,buf,sizeof(buf),0);
        if(iSend==SOCKET_ERROR)
        {
            printf("send() Failed: %d\n",WSAGetLastError());
            break;
        }
        else if(iSend==0)
        {
            break;
        }
        else
        {
            printf("send() byte: %d\n",iSend);
        }
        closesocket(sAccept);
    }
    closesocket(sListen);
    WSACleanup();
    return 0;
}
```

基于 TCP 的客户/服务器——客户端代码:

```cpp
// client.cpp : 定义控制台应用程序的入口点
#include "stdafx.h"
```

```c
#include <Winsock2.h>
#include <stdio.h>
#include <stdlib.h>
#define DATA_BUFFER 1024                    //默认缓冲区大小
int _tmain(int argc, char * argv[])
{
    WSADATA wsaData;
    SOCKET sClient;
    int iPort=5050;
    int iLen;                               //从服务器端接收的数据长度
    char buf[DATA_BUFFER];                  //接收数据的缓冲区
    struct sockaddr_in ser;                 //服务器端地址
    //判断参数输入是否正确: client [Server IP]
if(argc<2)
{
    //提示在命令行中输入服务器IP地址
    printf("Usage: client [server IP address]\n");
    return -1;
}
memset(buf, 0, sizeof(buf));                //接收缓冲区初始化
if(WSAStartup(MAKEWORD(2,2), &wsaData)!=0)
{
    printf("Failed to load Winsock.\n");
    return -1;
}
//填写要连接的服务器地址信息
ser.sin_family=AF_INET;
ser.sin_port=htons(iPort);
//inet_addr()将命令行中输入的点分IP地址转换为二进制表示的网络字节序IP地址
ser.sin_addr.s_addr=inet_addr(argv[1]);
//建立客户端流式套接口
sClient=socket(AF_INET, SOCK_STREAM, 0);
if(sClient==INVALID_SOCKET)
{
    printf("socket() Failed: %d\n", WSAGetLastError());
    return -1;
}
//请求与服务器端建立TCP连接
if(connect(sClient, (struct sockaddr *)&ser, sizeof(ser))==INVALID_SOCKET)
{
    printf("connect() Failed: %d\n", WSAGetLastError());
    return -1;
}
else
{
    //从服务器端接收数据
    iLen=recv(sClient, buf, sizeof(buf), 0);
    if(iLen==0)
        return -1;
    else if(iLen==SOCKET_ERROR)
    {
```

```
            printf("recv() Failed: %d\n", WSAGetLastError());
            return -1;
    }
    else
            printf("recv() data from server: %s\n", buf);
    }
closesocket(sClient);
    WSACleanup();
    return 0;}
```

服务器端、客户端运行结果如图 10.4、图 10.5 所示。

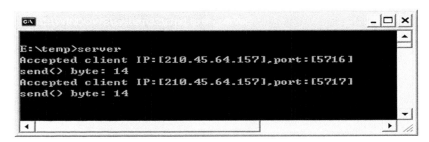

图 10.4　服务器端运行结果

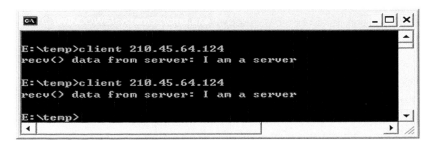

图 10.5　客户端运行结果

5　实验要求

开发基于 UDP 传输的客户端和服务器端，双方可以进行简单通信，其中一个程序发送字符串给另一个程序，另一个程序可以接收并显示，最好有图形界面。

▶ 普通高等教育"十二五"系列教材

高 级 篇

第十一章 IGP 综合实验

1 实验内容和实验项目需求

（1）桥接。帧中继中 R1 的 S1/0 接口只用子接口，要求 Ping 通所有接口（仅使用图中所提供的 DLCI）。

（2）OSPF。

1）R1、R2、R3 的 S1/0 接口在 OSPF 的 AREA 1 中（IP 地址分别为 170.1.123.1/24、170.1.123.2/24、170.1.123.3/24），R2、R3 的 E0/0 接口在 OSPF 的 AREA 0 中（地址为 170.1.23.2/24、170.1.23.3/24），R1 的 LOOPBACK 1 在 OSPF 的 area 2 中，R3 的 loopback1 在 OSPF 的 area3 中。

2）OSPF 的帧中继中不允许使用 NBMA 和广播模式。

3）Area2 只接收 OSPF 的 inter 和 intra 路由。

4）R3 在日后会从 area3 中接收到一些 LSA7 类型的路由以及 area3 中会有一条 LSA7 的默认路由。

5）Area0 使用明文验证，area1 使用更安全的认证方式，验证密码为 cisco。

6）所有 loopback0 接口均在 OSPF 域内。

7）R1 的 loopback3 到 loopback10 接口不允许直接宣告进 OSPF 域内。

（3）EIGRP。

1）R2 的 loopback1 到 loopback4 在 EIGRP 100 中。

2）EIGRP 和 OSPF 在 R2 上做双向重分发，EIGRP 只向 OSPF 只发送一条路由（不允许是 167.1.0.0/16）。

（4）RIP。

1）R3 的 loopback2 到 loopback5 在 RIP 域中。

2）RIP 和 OSPF 在 R3 上做双向重分发。

3）在 R1 和 R2 上只能看到 RIP 域过来的一条汇总路由（不能是 166.1.0.0/16）。

（5）ISIS。

1）R1 的 loopback2 接口在 ISIS（49.0001）域中。

2）ISIS 和 OSPF 在 R1 上做双向重分发。

（6）过滤。

1）在 R2 上可看见这样的一些路由 168.1.X.0（X 为奇数）。

2）在 R3 上可看见这样的一些路由 168.1.Y.0（Y 为偶数）。

【实验说明】从本章开始，实验拓扑图均在 GNS3 模拟器上搭建，具体安装过程等请参考附录 A。本实验要求全网全通，不允许出现任何主机路由，所有 loopback0 接口的地址为 170.1.X.X（X 为路由器号），本试验主网段为 170.1.0.0/16。

实验所用 IP 地址分配表见表 11-1。

表 11-1　　　　　　　　　　　　　　　IP 地址配置表

R1 上各接口的 IP 地址		R2 上各接口的 IP 地址		R3 上各接口的 IP 地址	
int lo0	170.1.1.1/24	int lo0	170.1.2.2/24	int lo0	170.1.3.3/24
int lo1	169.1.1.1/24	int lo1	167.1.8.1/24	int lo1	165.1.1.1/24
int lo2	171.1.1.1/24	int lo2	167.1.9.1/24	int lo2	166.1.16.1/24
int lo3	168.1.1.1/24	int lo3	167.1.10.1/24	int lo3	166.1.17.1/24
int lo4	168.1.2.1/24	int lo4	167.1.11.1/24	int lo4	166.1.18.1/24
int lo5	168.1.3.1/24	int lo5	168.1.3.1/24	int lo5	166.1.19.1/24
int lo6	168.1.4.1/24	int lo6	168.1.4.1/24	int e0/0	170.1.23.3/24
int lo7	168.1.5.1/24	int lo7	168.1.5.1/24	int s1/0	170.1.123.3/24
int lo8	168.1.6.1/24	int lo8	168.1.6.1/24		
int lo9	168.1.7.1/24	int lo9	168.1.7.1/24		
int lo10	168.1.8.1/24	int lo10	168.1.8.1/24		
Int s1/0.123	170.1.123.1/24	int e0/0	170.1.23.2/24		
		int s1/0	170.1.123.2/24		

2　实验目的

通过实验熟悉 IGP 协议的配置原理和方法。

3　实验原理

（1）帧中继线路本身是一种非广播型多路访问网络，默认不支持广播和组播，而 OSPF 协议又是基于组播的，所以，在帧中继网络环境中不能正常运行，正确的解决方案：

1）基于 R1 的主接口划分为两个子接口模式为 P2P。

2）将 R2、R3 的主接口设为 P2MP。

3）在 FR 地址映射中加入 broadcast 关键字，使得路由器之间建立 OSPF 邻居关系。

相关命令：ip ospf network point-to-multipoint
　　　　　　Frame-relay map ip xxxx x broadcast

（2）在相关路由器上做重分发。

1）在 R1 上做 ISIS 和 OSPF 的双向重分发操作，使得彼此学到相关的路由条目。

2）在 R2 上做 EIGRP 和 OSPF 的双向重分发操作，使得彼此学到相关的路由条目。

3）在 R3 上做 RIP 和 OSPF 的双向重分发操作，使得彼此学到相关的路由条目。

（3）辅助功能的使用。通过利用 ACL、Route-map、Distribute-list、Prefix-list 等辅助功能过滤不相关的路由条目。

（4）其他有关实验原理及要求在实验说明中有所涉及。

相关查看命令的使用：show run、Show interface xx、Show interface brief、Show frame-relay map、Show ip ospf neighbor、Show ip router 等。

4　实验拓扑

实验拓扑图如图 11.1 所示：

第十一章 IGP 综合实验

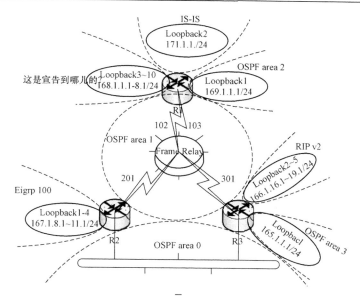

图 11.1 实验拓扑图

5 实验步骤

（1）在 R1 上根据需求配置 IP 地址。

```
R1(config)#interface Loopback0
R1(config-if)# ip address 170.1.1.1 255.255.255.0
R1(config-if)# ip ospf network point-to-point
R1(config-if)#interface Loopback1
R1(config-if)# ip address 169.1.1.1 255.255.255.0
R1(config-if)# ip ospf network point-to-point
R1(config-if)#interface Loopback2
R1(config-if)# ip address 171.1.1.1 255.255.255.0
R1(config-if)#interface Loopback3
R1(config-if)# ip address 168.1.1.1 255.255.255.0
R1(config-if)#interface Loopback4
R1(config-if)# ip address 168.1.2.1 255.255.255.0
R1(config-if)#interface Loopback5
R1(config-if)# ip address 168.1.3.1 255.255.255.0
R1(config-if)#interface Loopback6
R1(config-if)# ip address 168.1.4.1 255.255.255.0
R1(config-if)#interface Loopback7
R1(config-if)# ip address 168.1.5.1 255.255.255.0
R1(config-if)#interface Loopback8
R1(config-if)# ip address 168.1.6.1 255.255.255.0
R1(config-if)#interface Loopback9
R1(config-if)# ip address 168.1.7.1 255.255.255.0
R1(config-if)#interface Loopback10
R1(config-if)# ip address 168.1.8.1 255.255.255.0
R1(config-if)#interface Serial1/0
R1(config-if)# no shut
R1(config-if)# encapsulation frame-relay
```

```
R1(config-if)# serial restart-delay 0
R1(config-if)# no frame-relay inverse-arp
R1(config-if)#interface Serial1/0.123 multipoint
R1(config-subif)# ip address 170.1.123.1 255.255.255.0
R1(config-subif)# frame-relay map ip 170.1.123.1 103 broadcast
R1(config-subif)# frame-relay map ip 170.1.123.2 102 broadcast
R1(config-subif)# frame-relay map ip 170.1.123.3 103 broadcast
R1(config-subif)# no frame-relay inverse-arp
```

（2）根据需求，配置 R2 的接口地址。

```
R2(config)#interface Loopback0
R2(config-if)# ip address 170.1.2.2 255.255.255.0
R2(config-if)# ip ospf network point-to-point
R2(config-if)#interface Loopback1
R2(config-if)# ip address 167.1.8.1 255.255.255.0
R2(config-if)#interface Loopback2
R2(config-if)# ip address 167.1.9.1 255.255.255.0
R2(config-if)#interface Loopback3
R2(config-if)# ip address 167.1.10.1 255.255.255.0
R2(config-if)#interface Loopback4
R2(config-if)# ip address 167.1.11.1 255.255.255.0
R2(config-if)#interface Loopback5
R2(config-if)# ip address 168.1.3.1 255.255.255.0
R2(config-if)#interface Loopback6
R2(config-if)# ip address 168.1.4.1 255.255.255.0
R2(config-if)#interface Loopback7
R2(config-if)# ip address 168.1.5.1 255.255.255.0
R2(config-if)#interface Loopback8
R2(config-if)# ip address 168.1.6.1 255.255.255.0
R2(config-if)#interface Loopback9
R2(config-if)# ip address 168.1.7.1 255.255.255.0
R2(config-if)#interface Loopback10
R2(config-if)# ip address 168.1.8.1 255.255.255.0
R2(config-if)#interface Ethernet0/0
R2(config-if)# ip address 170.1.23.2 255.255.255.0
R2(config-if)# full-duplex
R2(config-if)#interface Serial1/0
R2(config-if)# ip address 170.1.123.2 255.255.255.0
R2(config-if)# encapsulation frame-relay
R2(config-if)# no shutdown
R2(config-if)# frame-relay map ip 170.1.123.1 201 broadcast
R2(config-if)# frame-relay map ip 170.1.123.2 201 broadcast
R2(config-if)# frame-relay map ip 170.1.123.3 201 broadcast
R2(config-if)# no frame-relay inverse-arp
```

（3）根据需求，配置 R3 的接口地址。

```
R3(config)#interface Loopback0
R3(config-if)# ip address 170.1.3.3 255.255.255.0
R3(config-if)# ip ospf network point-to-point
```

```
R3(config-if)#interface Loopback1
R3(config-if)# ip address 165.1.1.1 255.255.255.0
R3(config-if)# ip ospf network point-to-point
R3(config-if)#interface Loopback2
R3(config-if)# ip address 166.1.16.1 255.255.255.0
R3(config-if)#interface Loopback3
R3(config-if)# ip address 166.1.17.1 255.255.255.0
R3(config-if)#interface Loopback4
R3(config-if)# ip address 166.1.18.1 255.255.255.0
R3(config-if)#interface Loopback5
R3(config-if)# ip address 166.1.19.1 255.255.255.0
R3(config-if)#interface Ethernet0/0
R3(config-if)# ip address 170.1.23.3 255.255.255.0
R3(config-if)# full-duplex
R3(config-if)# no shut
R3(config-if)#interface Serial1/0
R3(config-if)# ip address 170.1.123.3 255.255.255.0
R3(config-if)# encapsulation frame-relay
R3(config-if)# no shut
R3(config-if)# ip ospf network point-to-multipoint
R3(config-if)# serial restart-delay 0
R3(config-if)# frame-relay map ip 170.1.123.1 301 broadcast
R3(config-if)# frame-relay map ip 170.1.123.2 301 broadcast
R3(config-if)# frame-relay map ip 170.1.123.3 301 broadcast
R3(config-if)# no frame-relay inverse-arp
```

（4）配置完成后测试物理链路连通性。

```
R1#ping 170.1.123.1

Type escape sequence to abort.
Sending 5, 100-byte ICMP Echos to 170.1.123.1, timeout is 2 seconds:
!!!!!
Success rate is 100 percent (5/5), round-trip min/avg/max = 16/42/104ms
R1#ping 170.1.123.2

Type escape sequence to abort.
Sending 5, 100-byte ICMP Echos to 170.1.123.2, timeout is 2 seconds:
!!!!!
Success rate is 100 percent (5/5), round-trip min/avg/max = 12/28/48ms
R1#ping 170.1.123.3

Type escape sequence to abort.
Sending 5, 100-byte ICMP Echos to 170.1.123.3, timeout is 2 seconds:
!!!!!
Success rate is 100 percent (5/5), round-trip min/avg/max = 8/42/68ms


R2#ping 170.1.123.1
```

```
Type escape sequence to abort.
Sending 5, 100-byte ICMP Echos to 170.1.123.1, timeout is 2 seconds:
!!!!!
Success rate is 100 percent (5/5), round-trip min/avg/max = 8/34/68ms
R2#ping 170.1.123.2

Type escape sequence to abort.
Sending 5, 100-byte ICMP Echos to 170.1.123.2, timeout is 2 seconds:
!!!!!
Success rate is 100 percent (5/5), round-trip min/avg/max = 12/53/140ms
R2#ping 170.1.123.3

Type escape sequence to abort.
Sending 5, 100-byte ICMP Echos to 170.1.123.3, timeout is 2 seconds:
!!!!!
Success rate is 100 percent (5/5), round-trip min/avg/max = 20/52/88ms
R2#ping 170.1.23.2

Type escape sequence to abort.
Sending 5, 100-byte ICMP Echos to 170.1.23.2, timeout is 2 seconds:
!!!!!
Success rate is 100 percent (5/5), round-trip min/avg/max = 4/4/4ms
R2#ping 170.1.23.3

Type escape sequence to abort.
Sending 5, 100-byte ICMP Echos to 170.1.23.3, timeout is 2 seconds:
!!!!!
Success rate is 100 percent (5/5), round-trip min/avg/max = 20/40/56ms
R2#


R3#ping 170.1.123.1

Type escape sequence to abort.
Sending 5, 100-byte ICMP Echos to 170.1.123.1, timeout is 2 seconds:
!!!!!
Success rate is 100 percent (5/5), round-trip min/avg/max = 4/38/88ms
R3#ping 170.1.123.2

Type escape sequence to abort.
Sending 5, 100-byte ICMP Echos to 170.1.123.2, timeout is 2 seconds:
!!!!!
Success rate is 100 percent (5/5), round-trip min/avg/max = 12/41/76ms
R3#ping 170.1.123.3

Type escape sequence to abort.
Sending 5, 100-byte ICMP Echos to 170.1.123.3, timeout is 2 seconds:
!!!!!
Success rate is 100 percent (5/5), round-trip min/avg/max = 16/45/80ms
R3#ping 170.1.23.2
```

```
Type escape sequence to abort.
Sending 5, 100-byte ICMP Echos to 170.1.23.2, timeout is 2 seconds:
!!!!!
Success rate is 100 percent (5/5), round-trip min/avg/max = 20/41/56 ms
R3#ping 170.1.23.3

Type escape sequence to abort.
Sending 5, 100-byte ICMP Echos to 170.1.23.3, timeout is 2 seconds:
!!!!!
Success rate is 100 percent (5/5), round-trip min/avg/max = 1/3/4 ms
```

（5）配置 OSPF 协议。

```
R1(config)#router ospf 100
R1(config-router)# router-id 1.1.1.1
R1(config-router)# network 169.1.1.0 0.0.0.255 area 2
R1(config-router)# network 170.1.1.0 0.0.0.255 area 1
R1(config-router)# network 170.1.123.0 0.0.0.255 area 1

R2(config)#router ospf 100
R2(config-router)# router-id 2.2.2.2
R2(config-router)# network 170.1.2.0 0.0.0.255 area 0
R2(config-router)# network 170.1.23.0 0.0.0.255 area 0
R2(config-router)# network 170.1.123.0 0.0.0.255 area 1

R3(config)#router ospf 100
R3(config-router)# router-id 3.3.3.3
R3(config-router)# network 165.1.1.0 0.0.0.255 area 3
R3(config-router)# network 170.1.3.0 0.0.0.255 area 0
R3(config-router)# network 170.1.23.0 0.0.0.255 area 0
R3(config-router)# network 170.1.123.0 0.0.0.255 area 1
```

//因为 OSPF 帧中继不允许使用 NBMA 模式和广播模式，所以修改模式为 P2MP。

```
R1(config-router)#interface Serial1/0.123 multipoint
R1(config-subif)# ip ospf network point-to-multipoint

R2(config)#interface Serial1/0
R2(config-if)# ip ospf network point-to-multipoint

R3(config)#interface Serial1/0
R3(config-if)# ip ospf network point-to-multipoint
```

//配置完成后检查 OSPF 邻居
```
R2#show ip os neighbor

Neighbor ID     Pri   State       Dead Time   Address         Interface
3.3.3.3         1     FULL/DR     00:00:34    170.1.23.3      Ethernet0/0
1.1.1.1         0     FULL/  -    00:01:55    170.1.123.1     Serial1/0


R3#show ip os neighbor
```

```
Neighbor ID     Pri   State          Dead Time   Address        Interface
2.2.2.2          1    FULL/BDR       00:00:35    170.1.23.2     Ethernet0/0
1.1.1.1          0    FULL/  -       00:01:56    170.1.123.1    Serial1/0


R1#show ip ospf neighbor

Neighbor ID     Pri   State          Dead Time   Address        Interface
3.3.3.3          0    FULL/  -       00:01:31    170.1.123.3    Serial1/0.123
2.2.2.2          0    FULL/  -       00:01:41    170.1.123.2    Serial1/0.123
```
//因为要求中明确说明 area2 只接收 OSPF 的 inter 和 intra 路由，所以配置区域 2 为 stub 区域
```
R1(config)#router ospf 100
R1(config-router)# area 2 stub
```

【实验说明】根据要求，R3 在日后会从 area3 中接收到一些 LSA7 类型的路由以及 area3 中会有一条 LSA7 的默认路由，所以配置 area 3 为 NSSA 区域，并且下发默认路由。
```
R3(config)#router ospf 100
R3(config-router)# area 3 nssa default-information-originate
```

　　//实验要求中说明 area0 使用明文验证，area1 使用更安全的认证方式，验证密码为 cisco，结合 OSPF 区域被分割，这边需要配置虚链路，外加认证
```
R1(config)#interface Serial1/0.123 multipoint
R1(config-subif)# ip ospf message-digest-key 1 md5 cisco
R1(config-if)#router ospf 100
R1(config-router)# area 0 authentication
R1(config-router)# area 1 authentication message-digest
R1(config-router)# area 1 virtual-link 2.2.2.2 authentication-key cisco
R1(config-router)# area 1 virtual-link 3.3.3.3 authentication-key cisco


R2(config)#interface Serial1/0
R2(config-if)# ip ospf message-digest-key 1 md5 cisco
R2(config-router)#interface Ethernet0/0
R2(config-if)# ip ospf authentication-key cisco
R2(config-if)# router ospf 100
R2(config-router)# area 0 authentication
R2(config-router)# area 1 authentication message-digest
R2(config-router)# area 1 virtual-link 1.1.1.1 authentication-key cisco


R3(config)#interface Serial1/0
R3(config-if)# ip ospf message-digest-key 1 md5 cisco
R3(config-router)#interface Ethernet0/0
R3(config-if)# ip ospf authentication-key cisco
R3(config)#router ospf 100
R3(config-router)# router-id 3.3.3.3
R3(config-router)# area 0 authentication
R3(config-router)# area 1 authentication message-digest
R3(config-router)# area 1 virtual-link 1.1.1.1 authentication-key cisco
```
//配置完成后，清楚邻居，再查看是否能重新形成邻居

```
R1#show ip ospf neighbor

Neighbor ID     Pri   State          Dead Time   Address        Interface
2.2.2.2         0     FULL/  -        -          170.1.123.2    OSPF_VL1
3.3.3.3         0     FULL/  -        -          170.1.123.3    OSPF_VL0
3.3.3.3         0     FULL/  -       00:01:58    170.1.123.3    Serial1/0.123
2.2.2.2         0     FULL/  -       00:01:58    170.1.123.2    Serial1/0.123


R2#show ip os neighbor

Neighbor ID     Pri   State          Dead Time   Address        Interface
3.3.3.3         1     FULL/BDR       00:00:35    170.1.23.3     Ethernet0/0
1.1.1.1         0     FULL/  -        -          170.1.123.1    OSPF_VL0
1.1.1.1         0     FULL/  -       00:01:50    170.1.123.1    Serial1/0


R3#show ip os neighbor

Neighbor ID     Pri   State          Dead Time   Address        Interface
2.2.2.2         1     FULL/DR        00:00: 34   170.1.23.2     Ethernet0/0
1.1.1.1         0     FULL/  -        -          170.1.123.1    OSPF_VL0
1.1.1.1         0     FULL/  -       00:01:41    170.1.123.1    Serial1/0
```

//实验要求 R1 的 loopback3 到 loopback10 接口不允许直接宣告进 OSPF 域内，所以采用重分发直连方式

```
R1(config)#router ospf 100
R1(config-router)# redistribute connected subnets route-map CON

route-map CON permit 10
  match interface Loopback2 Loopback3 Loopback4 Loopback5 Loopback6 Loopback7 Loopback8 Loopback9 Loopback10
```

【实验说明】这边额外增加了 lo2 的原因是等下重分发 ISIS，需要重分发直连，所以直接加入了。

（6）配置 EIGRP 协议。

```
R2(config)#router eigrp 100
R2(config-router)# redistribute ospf 100 metric 1000 100 255 1 1500
R2(config-router)# network 167.1.8.0 0.0.3.255
R2(config-router)# no auto-summary
R2(config-route-map)#interface Loopback1
R2(config-if)# ip summary-address eigrp 100 167.1.8.0 255.255.252.
R2(config-router)#router ospf 100
R2(config-router)# redistribute eigrp 100 subnets route-map ETO
R2(config-router)#ip prefix-list 5 seq 5 permit 167.1.8.0/22
R2(config)#route-map ETO permit 10
R2(config-route-map)# match ip address prefix-list 5
```

（7）配置 RIP 协议。

```
R3(config)#router rip
```

```
R3(config-router)# version 2
R3(config-router)# redistribute ospf 100 metric 1
R3(config-router)# network 166.1.0.0
R3(config-router)# no auto-summary
R3(config)#router rip
R3(config-router)# version 2
R3(config-router)# redistribute ospf 100 metric 1
R3(config-router)# network 166.1.0.0
R3(config-router)# no auto-summary
R3(config-router)#
R3(config-router)#router ospf 100
R3(config-router)# redistribute rip subnet
R3(config-router)#summary-address 166.1.16.0 255.255.252.0
```

（8）配置 ISIS。

```
R1(config-route-map)#router isis
R1(config-router)# net 49.0001.0000.0000.0001.00
R1(config-router)# redistribute ospf 10
R1(config-router)#router ospf 100
R1(config-router)# redistribute isis level-2 subnets
```

（9）配置路由过滤。

```
R1(config)#access-list 1 deny   170.1.123.2
R1(config)#access-list 1 deny   170.1.123.3
R1(config)#access-list 1 permit any
R1(config)#router ospf 100
R1(config-router)# distribute-list 1 in

R2(config-if)#access-list 1 deny   170.1.123.1
R2(config)#access-list 1 deny   170.1.123.3
R2(config)#access-list 1 deny   168.1.1.0 0.0.254.0
R2(config)#access-list 1 permit any
R2(config)#router ospf 100
R2(config-router)# distribute-list 1 in

R3(config-router)#access-list 1 deny   170.1.123.1
R3(config)#access-list 1 deny   170.1.123.2
R3(config)#access-list 1 deny   168.1.1.0 0.0.254.0
R3(config)#access-list 1 permit any
R3(config)#router ospf 100
R3(config-router)#distribute-list 1 in
```

6 实验报告填写

第十二章 通过 BGP 协议组建 ISP 的网络

1 实验内容和项目需求

学习配置 BGP 并测试 BGP 的选路原则，学习 ISP 的网络组建方法。

2 实验目的

通过实验模拟通过 BGP 协议组建 ISP 的网络。

3 实验原理

BGP 采用的是与距离向量算法类似的路径向量算法，在该算法的路由表中包括目的网络、下一跳路由器和去往目的网络的路径，路径由一系列顺序的自治系统号构成；自治系统的边界路由器利用 RIP 或 OSPF 等路由协议收集自治系统内部各个网络的信息，不同自治系统的边界路由器交换各自所在的自治系统中网络的可达信息，这些信息包括数据到达这些网络所必须经过的自治系统的列表。

（1）路由计算过程。

1）每一个发言者节点只知道所在自治系统中节点的可达性，将自治系统中收集的路由信息形成初始路由表。

2）一个自治系统的发言者节点将自己的路由表发送给相邻的自治系统的发言者节点，与它们共享路由信息。

3）当一个发言者节点从相邻节点收到路由表时，就更新自己的路由表，将它自己的路由表中没有的节点加上，并加上自己的自治系统和发送此路由表的自治系统。经过一定时间后，每一个发言者就知道了如何到达其他自治系统中的每一个节点。

（2）BGP 的选路原则。

1）优选最高的 weight、cisco 专有、本地有效、默认 32768、邻居过来的为 0。

2）优选最高的 local-pref，默认是 100。

3）Originate 优先。

4）优选最短的 AS_PATH，可以使用 bgp bestpath as-path ignore 这个命令来跳过这一步。

5）最小的 origin code（IGP < EGP < incomplete）。

6）优选最小的 MED（AS 之间交换）。

7）EBGP 优于 IBGP（在选择过程中，联盟内部和外部没区别），BGP 优先选择到 BGP 下一跳的 IGP 路径最低的路径。

8）如果配置了 maximum-paths n（n 为 2～6），负载均衡。

9）优选最老的 EBGP 路径，以下情况跳过。

①启用了 bgp bestpath compare-routerid。

②多条路径具有相同的 router-id，因为都是从同一路由器收到。

③当前没有最佳路径，通告最佳路径的路由器失效。

10）优选最低的 BGP router ID 的路径。

11）如果多条路径的始发路由器 ID 或 outer id 相同，选 cluster_list 长度最短的。

12）优选最低的邻居地址的路径。

4 实验拓扑

实验拓扑如图 12.1 所示。

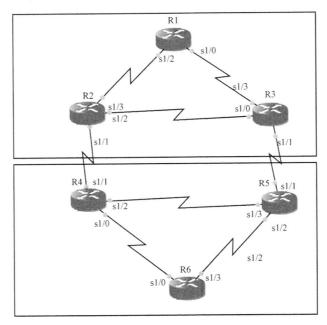

图 12.1 实验拓扑图

5 实验步骤

（1）配置 R1、R2、R3、R4、R5、R6 的物理接口和 lo0 接口的 IP 地址，其中 lo0 的目的是用于 BGP 建立邻居。

地址如下：

```
R1:
s1/2 地址 202.101.12.1/24
s1/0 地址 202.101.13.1/24,
lo0 地址是 1.1.1.1/32
R2:
s1/3 地址 202.101.12.2/24
s1/2 地址 202.101.23.2/24,
s1/1 地址 202.101.24.2/24
lo0 地址是 2.2.2.2/32
R3:
s1/3 地址 202.101.23.3/24
s1/0 地址 202.101.13.3/24,
s1/1 地址 202.101.35.3/24
lo0 地址是 3.3.3.3/32
R4:
s1/2 地址 202.101.45.4/24
s1/0 地址 202.101.46.4/24,
s1/1 地址 202.101.24.4/24
lo0 地址是 4.4.4.4/32
```

R5:
s1/2 地址 202.101.45.4/24
s1/3 地址 202.101.45.5/24,
s1/0 地址 202.101.35.5/24
lo0 地址是 5.5.5.5/32
R6:
s1/3 地址 202.101.56.6/24
s1/0 地址 202.101.46.6/24,
lo0 地址是 6.6.6.6/32

```
R1(config)#int s1/2
R1(config-if)#no sh
R1(config-if)#ip add 202.101.12.1 255.255.255.0
R1(config-if)#int s1/0
R1(config-if)#no sh
R1(config-if)#ip add 202.101.13.1 255.255.255.0
R1(config-if)#int lo0
R1(config-if)#ip add 1.1.1.1 255.255.255.255
R2(config)#int s1/3
R2(config-if)#no sh
R2(config-if)#ip add 202.101.12.2 255.255.255.0
R2(config-if)#int s1/2
R2(config-if)#no sh
R2(config-if)#ip add 202.101.23.2 255.255.255.0
R2(config-router)#int s1/1
R2(config-if)#no sh
R2(config-if)#ip add 202.101.24.2 255.255.255.0
R2(config-if)#int lo0
R2(config-if)#ip add 2.2.2.2 255.255.255.255

R3(config)#int s1/3
R3(config-if)#no sh
R3(config-if)#ip add 202.101.23.3 255.25
R3(config-if)#ip add 202.101.23.3 255.255.255.0
R3(config-if)#int s1/0
R3(config-if)#no sh
R3(config-if)#ip add 202.101.13.3 255.255.255.0
R3(config-if)#int s1/1
R3(config-if)#no sh
R3(config-if)#ip add 202.101.35.3 255.255.255.0
R3(config-if)#int lo0
R3(config-if)#ip add 3.3.3.3 255.255.255.255

R4(config-if)#int s1/2
R4(config-if)#no sh
R4(config-if)#ip add 202.101.45.4 255.255.255.0
R4(config-if)#int s1/0
R4(config-if)#no sh
R4(config-if)#ip add 202.101.46.4 255.255.255.0
R4(config-router)#int s1/1
R4(config-if)#no sh
```

```
R4(config-if)#ip add 202.101.24.4 255.255.255.0
R4(config-if)#int lo0
R4(config-if)#ip add 4.4.4.4 255.255.255.255

R5(config-if)#int s1/3
R5(config-if)#no sh
R5(config-if)#ip add 202.101.45.5 255.255.255.0
R5(config-if)#int s1/2
R5(config-if)#no sh
R5(config-if)#ip add 202.101.56.5 255.255.255.0
R5(config-router)#int s1/1
R5(config-if)#no sh
R5(config-if)#ip add 202.101.35.5 255.255.255.0
R5(config-if)#int lo0
R5(config-if)#ip add 5.5.5.5 255.255.255.255

R6(config)#int s1/3
R6(config-if)#no sh
R6(config-if)#ip add 202.101.56.6 255.255.255.0
R6(config-if)#int s1/0
R6(config-if)#no sh
R6(config-if)#ip add 202.101.46.6 255.255.255.0
R6(config-if)#int lo0
R6(config-if)#ip add 6.6.6.6 255.255.255.255
```

（2）把 R1、R2、R3 的网络组成一个 AS100 的网络，先通过 EIGRP 协议，把物理接口和 lo0 接口可达，在 AS 边界的接口宣告进 EIGRP，但是配置上被动接口，防止被对端 AS 学习到路由，或者学习到对端 AS 的错误路由。

```
R1(config-if)#router ei 100
R1(config-router)#net 202.101.12.1 0.0.0.0
R1(config-router)#net 1.1.1.1 0.0.0.0
R1(config-router)#net 202.101.13.1 0.0.0.0

R2(config-if)#router ei 100
R2(config-router)#no au
R2(config-router)#net 202.101.12.2 0.0.0.0
R2(config-router)#net 202.101.23.2 0.0.0.0
R2(config-router)#net 2.2.2.2 0.0.0.0
R2(config-router)#net 202.101.24.2 0.0.0.0
R2(config-router)#passive-interface s1/1

R3(config-if)#router ei 100
R3(config-router)#no au
R3(config-router)#net 202.101.23.3 0.0.0.0
R3(config-router)#net 202.101.13.3 0.0.0.0
R3(config-router)#net 202.101.35.3 0.0.0.0
R3(config-router)#net 3.3.3.3 0.0.0.0
R3(config-router)#passive-interface s1/1
//配置完成后，在 R1 上查看路由表
R1#show ip route eigrp
```

```
D    202.101.23.0/24 [90/2681856] via 202.101.13.3, 00:55:37, Serial1/0
                     [90/2681856] via 202.101.12.2, 00:55:37, Serial1/2
     2.0.0.0/32 is subnetted, 1 subnets
D    2.2.2.2 [90/2297856] via 202.101.12.2, 00:55:37, Serial1/2
     3.0.0.0/32 is subnetted, 1 subnets
D    3.3.3.3 [90/2297856] via 202.101.13.3, 00:55:37, Serial1/0
D    202.101.35.0/24 [90/2681856] via 202.101.13.3, 00:55:37, Serial1/0
D    202.101.24.0/24 [90/2681856] via 202.101.12.2, 00:55:37, Serial1/2
//这个时候，R1、R2、R3 的 lo0 接口是可以进行通信的，进行 Ping 测试
R1#ping 3.3.3.3 source 1.1.1.1

Type escape sequence to abort.
Sending 5, 100-byte ICMP Echos to 3.3.3.3, timeout is 2 seconds:
Packet sent with a source address of 1.1.1.1
!!!!!
Success rate is 100 percent (5/5), round-trip min/avg/max = 16/26/44 ms
R1#ping 2.2.2.2 source 1.1.1.1

Type escape sequence to abort.
Sending 5, 100-byte ICMP Echos to 2.2.2.2, timeout is 2 seconds:
Packet sent with a source address of 1.1.1.1
!!!!!
Success rate is 100 percent (5/5), round-trip min/avg/max = 20/30/48 ms
```

（3）把 R4、R5、R6 的网络组成一个 AS200 的网络，先通过 OSPF 协议，把物理接口和 lo0 接口可达，在 AS 边界的接口宣告进 EIGRP，但是配置上被动接口，防止被对端 AS 学习到路由，或者学习到对端 AS 的错误路由。

```
R4(config-if)#router ospf 1
R4(config-router)#router-id 4.4.4.4
R4(config-router)#net 202.101.24.4 0.0.0.0 a 0
R4(config-router)#net 202.101.45.4 0.0.0.0 a 0
R4(config-router)#net 4.4.4.4 0.0.0.0 a 0
R4(config-router)#net 202.101.46.4 0.0.0.0 a 0
R4(config-router)# passive-interface s1/1

R5(config-if)#router os 1
R5(config-router)#router-id 5.5.5.5
R5(config-router)#net 202.101.56.5 0.0.0.0 a 0
R5(config-router)#net 5.5.5.5 0.0.0.0 a 0
R5(config-router)#net 202.101.45.5 0.0.0.0 a 0
R5(config-router)#net 202.101.35.5 0.0.0.0 a 0
R5(config-router)#passive-interface s1/1

R6(config-if)#router os 1
R6(config-router)#router-id 6.6.6.6
R6(config-router)#net 202.101.46.6 0.0.0.0 a 0
R6(config-router)#net 202.101.56.6 0.0.0.0 a 0
R6(config-router)#net 6.6.6.6 0.0.0.0 a 0
//配置完成后,查看路由表
R4#show ip route ospf
```

```
         5.0.0.0/32 is subnetted,1 subnets
O        5.5.5.5 [110/65] via 202.101.45.5,01: 21: 33,Serial1/2
         6.0.0.0/32 is subnetted,1 subnets
O      6.6.6.6 [110/65] via 202.101.46.6,01: 21: 33,Serial1/0
O      202.101.35.0/24 [110/128] via 202.101.45.5,01: 21: 33,Serial1/2
O      202.101.56.0/24 [110/128] via 202.101.46.6,01: 21: 33,Serial1/0
                       [110/128] via 202.101.45.5,01: 21: 33,Serial1/2
```
//这个时候，R4、R5、R6 的 lo0 是可以进行通信的，进行 Ping 测试
```
R4#ping 6.6.6.6 source 4.4.4.4

Type escape sequence to abort.
Sending 5,100-byte ICMP Echos to 6.6.6.6,timeout is 2 seconds:
Packet sent with a source address of 4.4.4.4
!!!!!
Success rate is 100 percent (5/5),round-trip min/avg/max = 16/28/36 ms
R4#ping 5.5.5.5 source 4.4.4.4

Type escape sequence to abort.
Sending 5,100-byte ICMP Echos to 5.5.5.5,timeout is 2 seconds:
Packet sent with a source address of 4.4.4.4
!!!!!
Success rate is 100 percent (5/5),round-trip min/avg/max = 16/30/60 ms
```

（4）配置 AS100 的 BGP 要求 R1 是路由反射器，R1 和 R2 是 IBGP 关系，R1 和 R3 是 IBGP 关系，R2 和 R3 不建立 BGP 邻居。R2 和 R4 是 EBGP 关系，R3 和 R5 是 EBGP 关系。要求 IBGP 邻居采用 lo0 接口建立邻居，要求 EBGP 邻居采用物理接口建立邻居。

```
R1(config)#router bgp 100
R1(config-router)#bgp router-id 1.1.1.1
R1(config-router)#nei 2.2.2.2 remote-as 100
R1(config-router)#nei 2.2.2.2 up lo0
R1(config-router)#nei 2.2.2.2 route-reflector-client
R1(config-router)#nei 3.3.3.3 remote-as 100
R1(config-router)#nei 3.3.3.3 up lo0
R1(config-router)#nei 3.3.3.3 route-reflector-client

R2(config)#router bgp 100
R2(config-router)# bgp router-id 2.2.2.2
R2(config-router)# neighbor 1.1.1.1 remote-as 100
R2(config-router)# neighbor 1.1.1.1 update-source Loopback0
R2(config-router)# neighbor 202.101.24.4 remote-as 200

R3(config)#router bgp 100
R3(config-router)# bgp router-id 3.3.3.3
R3(config-router)# neighbor 1.1.1.1 remote-as 100
R3(config-router)# neighbor 1.1.1.1 update-source Loopback0
R3(config-router)# neighbor 202.101.35.5 remote-as 200
```
//配置完成后，查看 BGP 邻居
```
R1#show ip bgp summary
BGP router identifier 1.1.1.1, local AS number 100
BGP table version is 6, main routing table version 6
```

```
5 network entries using 585 bytes of memory
8 path entries using 416 bytes of memory
4/2 BGP path/bestpath attribute entries using 496 bytes of memory
1 BGP AS-PATH entries using 24 bytes of memory
0 BGP route-map cache entries using 0 bytes of memory
0 BGP filter-list cache entries using 0 bytes of memory
BGP using 1521 total bytes of memory
BGP activity 11/6 prefixes, 17/9 paths, scan interval 60 secs

Neighbor        V   AS  MsgRcvd MsgSent  TblVer  InQ OutQ Up/Down  State/PfxRcd
2.2.2.2         4   100    154    156       6     0    0 00:00:03      4
3.3.3.3         4   100    154    156       6     0    0 00:00:03      4
```

（5）配置 AS200 的 BGP，要求采用 BGP 联盟的方式，R1 的子 as 是 65001，R2、R3 的子 as 是 65002。R1 和 R2、R1 和 R3 是联盟内的 EBGP 关系，R2 和 R3 是联盟内的 IBGP 关系。要求除了 AS100 和 AS200 建立邻居采用物理接口外，其他都用 lo0 接口建立邻居。

```
R4(config)#router bgp 65001
R4(config-router)# bgp router-id 4.4.4.4
R4(config-router)# bgp confederation identifier 200
R4(config-router)# bgp confederation peers 65002
R4(config-router)# neighbor 5.5.5.5 remote-as 65002
R4(config-router)# neighbor 5.5.5.5 ebgp-multihop 255
R4(config-router)# neighbor 5.5.5.5 update-source Loopback0
R4(config-router)# neighbor 6.6.6.6 remote-as 65002
R4(config-router)# neighbor 6.6.6.6 ebgp-multihop 255
R4(config-router)# neighbor 202.101.24.2 remote-as 100

R5(config)#router bgp 65002
R5(config-router)# bgp router-id 5.5.5.5
R5(config-router)# bgp confederation identifier 200
R5(config-router)# bgp confederation peers 65001
R5(config-router)# neighbor 4.4.4.4 remote-as 65001
R5(config-router)# neighbor 4.4.4.4 ebgp-multihop 255
R5(config-router)# neighbor 4.4.4.4 update-source Loopback0
R5(config-router)# neighbor 6.6.6.6 remote-as 65002
R5(config-router)# neighbor 6.6.6.6 update-source Loopback0
R5(config-router)# neighbor 202.101.35.3 remote-as 100

R6(config-router)#router bgp 65002
R6(config-router)# bgp router-id 6.6.6.6
R6(config-router)# bgp confederation identifier 200
R6(config-router)# bgp confederation peers 65001
R6(config-router)# network 192.168.6.0
R6(config-router)# neighbor 4.4.4.4 remote-as 65001
R6(config-router)# neighbor 4.4.4.4 ebgp-multihop 255
R6(config-router)# neighbor 4.4.4.4 update-source Loopback0
R6(config-router)# neighbor 5.5.5.5 remote-as 65002
R6(config-router)# neighbor 5.5.5.5 update-source Loopback0
//配置完成后，检查邻居是否形成
```

（6）在 R1、R2、R3、R4、R5、R6 上各创建一个 lo1 接口，模拟 BGP 路由。

```
R1(config)#int lo1
R1(config-if)#ip add 192.168.1.1 255.255.255.0
R1(config-if)#router bgp 100
R1(config-router)#net 192.168.1.0 mask 255.255.255.0

R2(config-router)#int lo1
R2(config-if)#ip add 192.168.2.1 255.255.255.0
R2(config-if)#router bgp 100
R2(config-router)#net 192.168.2.0 m 255.255.255.0

R3(config-router)#int lo1
R3(config-if)#ip add 192.168.3.1 255.255.255.0
R3(config-if)#router bgp 100
R3(config-router)#net 192.168.3.0 m 255.255.255.0

R4(config)#int lo1
R4(config-if)#ip add 192.168.4.1 255.255.255.0
R4(config-if)#router bgp 65001
R4(config-router)#net 192.168.4.0 m  255.255.255.0

R5(config-router)#int lo1
R5(config-if)#ip add 192.168.5.1 255.255.255.0
R5(config-if)#router bgp 65002
R5(config-router)#net 192.168.5.0 mask 255.255.255.0

R6(config-router)#int lo1
R6(config-if)#ip add 192.168.6.1 255.255.255.0
R6(config-if)#router bgp 65002
R6(config-router)#net 192.168.6.0 mask 255.255.255.0
```

//配置完成后，检查R1和R6的BGP路由表
```
R1#show ip bgp
BGP table version is 7, local router ID is 1.1.1.1
Status codes: s suppressed, d damped, h history, * valid, > best, i - internal,
              r RIB-failure, S Stale
Origin codes: i - IGP, e - EGP, ? - incomplete

   Network          Next Hop            Metric LocPrf Weight Path
*> 192.168.1.0      0.0.0.0                  0         32768 i
*>i192.168.2.0      2.2.2.2                  0    100      0 i
*>i192.168.3.0      3.3.3.3                  0    100      0 i
*  i192.168.4.0     202.101.35.5             0    100      0 200 i
*>i                 202.101.24.4             0    100      0 200 i
*  i192.168.5.0     202.101.35.5             0    100      0 200 i
*>i                 202.101.24.4             0    100      0 200 i
*  i192.168.6.0     202.101.35.5             0    100      0 200 i
*>i                 202.101.24.4             0    100      0 200 i
```

【实验说明】 在以上的输出中，路由条目表项的"状态代码"的含义解释如下：后面描述采用状态代码来说明优先级。

1）*表示该路由条目有效。

2)＞表示该路由条目最优，可以被传递，达到最优的重要前提是下一跳可达。
3）i 表示该路由条目是从 BGP 邻居学习到的。
4）？表示该路由条目来源不清楚，通常是从 IGP 重分布到 BGP 的路由条目。

```
R6#show ip bgp
BGP table version is 12, local router ID is 6.6.6.6
Status codes: s suppressed, d damped, h history, * valid, > best, i - internal,
           r RIB-failure, S Stale
Origin codes: i - IGP, e - EGP, ? - incomplete

   Network          Next Hop          Metric LocPrf Weight Path
* i192.168.1.0      202.101.35.3       0     100    0 100 i
*>                  202.101.24.2       0     100    0 (65001) 100 i
*> 192.168.2.0      202.101.24.2       0     100    0 (65001) 100 i
* i                 202.101.35.3       0     100    0 100 i
*> 192.168.3.0      202.101.24.2       0     100    0 (65001) 100 i
* i                 202.101.35.3       0     100    0 100 i
* i192.168.4.0      4.4.4.4            0     100    0 (65001) i
*>                  4.4.4.4            0     100    0 (65001) i
*>i192.168.5.0      5.5.5.5            0     100    0 i
*> 192.168.6.0      0.0.0.0            0            32768 i
```

（7）要求在 AS200 上通过在 R4 上修改 MED 来影响选路，让 AS100 从 R4 学习过来的路由的 MED 数值为 600，这时 AS100 就会选择 MED 数值小的路由去访问 AS200。

```
R4(config)#route-map T2 permit 10
R4(config-route-map)#set metric 600
R4(config-route-map)#router bgp 65001
R4(config-router)#nei 202.101.24.2 route-map T2 o
//配置完成，等待路由收敛后去 AS100 观察结果
R3#show ip bgp
BGP table version is 11, local router ID is 3.3.3.3
Status codes: s suppressed, d damped, h history, * valid, > best, i - internal,
           r RIB-failure, S Stale
Origin codes: i - IGP, e - EGP, ? - incomplete

   Network          Next Hop          Metric LocPrf Weight Path
*>i192.168.1.0      1.1.1.1            0     100    0 i
*>i192.168.2.0      2.2.2.2            0     100    0 i
*> 192.168.3.0      0.0.0.0            0            32768 i
*> 192.168.4.0      202.101.35.5                     0 200 i
*> 192.168.5.0      202.101.35.5       0              0 200 i
*> 192.168.6.0      202.101.35.5                     0 200 i
```

【实验说明】 R3 去往 AS 200 的路由都会选择 35.5 作为出口，原因是 MED 是越小越优先，0 比 600 来得优先。

```
R2#show ip bgp
BGP table version is 17,local router ID is 2.2.2.2
Status codes: s suppressed,d damped,h history,* valid,> best,i - internal,
           r RIB-failure,S Stale
Origin codes: i - IGP,e - EGP,? - incomplete
```

```
    Network          Next Hop         Metric LocPrf Weight Path
*>i192.168.1.0       1.1.1.1              0    100      0 i
*> 192.168.2.0       0.0.0.0              0         32768 i
*>i192.168.3.0       3.3.3.3              0    100      0 i
*>i192.168.4.0       202.101.35.5         0    100      0 200 i
*                    202.101.24.4       600             0 200 i
*>i192.168.5.0       202.101.35.5         0    100      0 200 i
*                    202.101.24.4       600             0 200 i
*>i192.168.6.0       202.101.35.5         0    100      0 200 i
*                    202.101.24.4       600             0 200 i

R1#show ip bgp
BGP table version is 10,local router ID is 1.1.1.1
Status codes: s suppressed,d damped,h history,* valid,> best,i - internal,
              r RIB-failure,S Stale
Origin codes: i - IGP,e - EGP,? - incomplete

    Network          Next Hop         Metric LocPrf Weight Path
*> 192.168.1.0       0.0.0.0              0         32768 i
*>i192.168.2.0       2.2.2.2              0    100      0 i
*>i192.168.3.0       3.3.3.3              0    100      0 i
*>i192.168.4.0       202.101.35.5         0    100      0 200 i
*>i192.168.5.0       202.101.35.5         0    100      0 200 i
*>i192.168.6.0       202.101.35.5         0    100      0 200 i
```

（8）要求在 AS200 上通过在 R5 上修改 origin-code 来影响选路，让 AS100 从 R5 学习过来路由的 origin code 为 "?"，这时 AS100 就会选择 R4 作为去往 AS200 的出口。

```
R5(config)#route-map T3 per 10
R5(config-route-map)#set origin incomplete
R5(config-route-map)#ex
R5(config)#router bgp 65002
R5(config-router)#nei 202.101.35.3 route-map T3 out
```

//配置完成后等路由收敛去 AS100 查看 BGP 表
```
R1#show ip bgp
BGP table version is 16,local router ID is 1.1.1.1
Status codes: s suppressed,d damped,h history,* valid,> best,i - internal,
              r RIB-failure,S Stale
Origin codes: i - IGP,e - EGP,? - incomplete

    Network          Next Hop         Metric LocPrf Weight Path
*> 192.168.1.0       0.0.0.0              0         32768 i
*>i192.168.2.0       2.2.2.2              0    100      0 i
*>i192.168.3.0       3.3.3.3              0    100      0 i
*>i192.168.4.0       202.101.24.4       600    100      0 200 i
*>i192.168.5.0       202.101.24.4       600    100      0 200 i
*>i192.168.6.0       202.101.24.4       600    100      0 200 i

R2#show ip bgp
BGP table version is 20,local router ID is 2.2.2.2
```

```
Status codes: s suppressed,d damped,h history,* valid,> best,i - internal,
              r RIB-failure,S Stale
Origin codes: i - IGP,e - EGP,? - incomplete

   Network          Next Hop         Metric LocPrf Weight Path
*>i192.168.1.0      1.1.1.1               0    100      0 i
*> 192.168.2.0      0.0.0.0               0         32768 i
*>i192.168.3.0      3.3.3.3               0    100      0 i
*> 192.168.4.0      202.101.24.4        600             0 200 i
*> 192.168.5.0      202.101.24.4        600             0 200 i
*> 192.168.6.0      202.101.24.4        600             0 200 i

R3#show ip bgp
BGP table version is 17,local router ID is 3.3.3.3
Status codes: s suppressed,d damped,h history,* valid,> best,i - internal,
              r RIB-failure,S Stale
Origin codes: i - IGP,e - EGP,? - incomplete

   Network          Next Hop         Metric LocPrf Weight Path
*>i192.168.1.0      1.1.1.1               0    100      0 i
*>i192.168.2.0      2.2.2.2               0    100      0 i
*> 192.168.3.0      0.0.0.0               0         32768 i
*>i192.168.4.0      202.101.24.4        600    100      0 200 i
*                   202.101.35.5                        0 200 ?
*>i192.168.5.0      202.101.24.4        600    100      0 200 i
*                   202.101.35.5          0             0 200 ?
*>i192.168.6.0      202.101.24.4        600    100      0 200 i
*                   202.101.35.5                        0 200 ?
```
//由于起源代码"i"对应的路由条目优先于"?"条目,所以选择 202.101.24.4 作为出口

(9) 在 R2 上配置,要求 R2 从 R4 学习过来的 BGP 路由的 as-path,变为 200,200,这时 AS100 去往 AS200 就会选择 35.5 作为出口,因为 as-path 更短。

```
R2(config)#route-map F4 permit 10
R2(config-route-map)#set as-path prepend 200
R2(config-route-map)#router bgp 100
R2(config-router)#nei 202.101.24.4 route-map F4 in
```

//等路由收敛后查看 AS 100 的 BGP 路由
```
R1#show ip bgp
BGP table version is 22,local router ID is 1.1.1.1
Status codes: s suppressed,d damped,h history,* valid,> best,i - internal,
              r RIB-failure,S Stale
Origin codes: i - IGP,e - EGP,? - incomplete

   Network          Next Hop         Metric LocPrf Weight Path
*> 192.168.1.0      0.0.0.0               0         32768 i
*>i192.168.2.0      2.2.2.2               0    100      0 i
*>i192.168.3.0      3.3.3.3               0    100      0 i
*>i192.168.4.0      202.101.35.5          0    100      0 200 ?
*>i192.168.5.0      202.101.35.5          0    100      0 200 ?
*>i192.168.6.0      202.101.35.5          0    100      0 200 ?
```

```
R2#show ip bgp
BGP table version is 26,local router ID is 2.2.2.2
Status codes: s suppressed,d damped,h history,* valid,> best,i - internal,
          r RIB-failure,S Stale
Origin codes: i - IGP,e - EGP,? - incomplete

   Network          Next Hop         Metric LocPrf Weight Path
*>i192.168.1.0      1.1.1.1              0    100      0 i
*> 192.168.2.0      0.0.0.0              0         32768 i
*>i192.168.3.0      3.3.3.3              0    100      0 i
*>i192.168.4.0      202.101.35.5         0    100      0 200 ?
*                   202.101.24.4       600         0 200 200 i
*>i192.168.5.0      202.101.35.5         0    100      0 200 ?
*                   202.101.24.4       600         0 200 200 i
*>i192.168.6.0      202.101.35.5         0    100      0 200 ?
*                   202.101.24.4       600         0 200 200 i

R3#show ip bgp
BGP table version is 20,local router ID is 3.3.3.3
Status codes: s suppressed,d damped,h history,* valid,> best,i - internal,
          r RIB-failure,S Stale
Origin codes: i - IGP,e - EGP,? - incomplete

   Network          Next Hop         Metric LocPrf Weight Path
*>i192.168.1.0      1.1.1.1              0    100      0 i
*>i192.168.2.0      2.2.2.2              0    100      0 i
*> 192.168.3.0      0.0.0.0              0         32768 i
*> 192.168.4.0      202.101.35.5                      0 200 ?
*> 192.168.5.0      202.101.35.5         0            0 200 ?
*> 192.168.6.0      202.101.35.5                      0 200 ?
```

（10）在 R2 上配置命令，要求忽略 as-path 进行选路。那么由于忽略 as-path，就会比较起源代码，所以 R2 还是选择 202.101.24.4 作为出口。

```
R2(config)#router bgp 100
R2(config-router)#bgp bestpath as-path ignore
配置完成后，等在 R2 上 clear ip bgp 收敛后，观察 R2 的 BGP 表
R2#clear ip bgp *
R2#
R2#show ip bgp
*Mar  1 04: 17: 59.490: %BGP-5-ADJCHANGE: neighbor 1.1.1.1 Down User reset
*Mar  1 04: 17: 59.494: %BGP-5-ADJCHANGE: neighbor 202.101.24.4 Down User reset
*Mar  1 04: 18: 00.238: %BGP-5-ADJCHANGE: neighbor 202.101.24.4 Up
*Mar  1 04: 18: 00.342: %BGP-5-ADJCHANGE: neighbor 1.1.1.1 Up
R2#show ip bgp
BGP table version is 6,local router ID is 2.2.2.2
Status codes: s suppressed,d damped,h history,* valid,> best,i - internal,
          r RIB-failure,S Stale
Origin codes: i - IGP,e - EGP,? - incomplete

   Network          Next Hop         Metric LocPrf Weight Path
```

```
*>i192.168.1.0      1.1.1.1           0      100     0 i
*>i192.168.3.0      3.3.3.3           0      100     0 i
*  i192.168.4.0     202.101.35.5      0      100     0 200 ?
*>                  202.101.24.4    600              0 200 200 i
*  i192.168.5.0     202.101.35.5      0      100     0 200 ?
*>                  202.101.24.4    600              0 200 200 i
*  i192.168.6.0     202.101.35.5      0      100     0 200 ?
*>                  202.101.24.4    600              0 200 200

R1#show ip bgp
BGP table version is 24,local router ID is 1.1.1.1
Status codes: s suppressed,d damped,h history,* valid,> best,i - internal,
              r RIB-failure,S Stale
Origin codes: i - IGP,e - EGP,? - incomplete

   Network          Next Hop         Metric LocPrf Weight Path
*> 192.168.1.0      0.0.0.0            0            32768 i
*>i192.168.2.0      2.2.2.2            0      100     0 i
*>i192.168.3.0      3.3.3.3            0      100     0 i
*  i192.168.4.0     202.101.24.4     600      100     0 200 200 i
*>i                 202.101.35.5       0      100     0 200 ?
*  i192.168.5.0     202.101.24.4     600      100     0 200 200 i
*>i                 202.101.35.5       0      100     0 200 ?
*  i192.168.6.0     202.101.24.4     600      100     0 200 200 i
*>i                 202.101.35.5       0      100     0 200 ?

R3#show ip bgp
BGP table version is 22,local router ID is 3.3.3.3
Status codes: s suppressed,d damped,h history,* valid,> best,i - internal,
              r RIB-failure,S Stale
Origin codes: i - IGP,e - EGP,? - incomplete

   Network          Next Hop         Metric LocPrf Weight Path
*>i192.168.1.0      1.1.1.1            0      100     0 i
*>i192.168.2.0      2.2.2.2            0      100     0 i
*> 192.168.3.0      0.0.0.0            0            32768 i
*> 192.168.4.0      202.101.35.5                      0 200 ?
*> 192.168.5.0      202.101.35.5       0              0 200 ?
*> 192.168.6.0      202.101.35.5                      0 200
```

(11) 要求在 R2 上修改 BGP 的默认本地优先级为 200，这样 AS100 去往 AS200 会选择本地优先级大的作为出口。

```
R2(config)#router bgp 100
R2(config-router)#bgp default local-preference 200
//配置完成后，查看路由
R2#show ip bgp
BGP table version is 11, local router ID is 2.2.2.2
Status codes: s suppressed, d damped, h history, * valid, > best, i - internal,
              r RIB-failure, S Stale
Origin codes: i - IGP, e - EGP, ? - incomplete
```

```
   Network          Next Hop         Metric  LocPrf  Weight  Path
*>i192.168.1.0      1.1.1.1          0       100     0       i
*> 192.168.2.0      0.0.0.0          0               32768   i
*>i192.168.3.0      3.3.3.3          0       100     0       i
*> 192.168.4.0      202.101.24.4     600             0 200 200 i
*> 192.168.5.0      02.101.24.4      600             0 200 200 i
*> 192.168.6.0      202.101.24.4     600             0 200 200 i

R3#show ip bgp
BGP table version is 26, local router ID is 3.3.3.3
Status codes: s suppressed, d damped, h history, * valid, > best, i - internal,
              r RIB-failure, S Stale
Origin codes: i - IGP, e - EGP, ? - incomplete

   Network          Next Hop         Metric  LocPrf  Weight  Path
*>i192.168.1.0      1.1.1.1          0       100     0       i
*>i192.168.2.0      2.2.2.2          0       200     0       i
*> 192.168.3.0      0.0.0.0          0               32768   i
*>i192.168.4.0      202.101.24.4     600     200     0 200 200 i
*                   202.101.35.5                     0 200   ?
*>i192.168.5.0      202.101.24.4     600     200     0 200 200 i
*                   202.101.35.5     0               0 200   ?
*>i192.168.6.0      202.101.24.4     600     200     0 200 200 i
*                   202.101.35.5                     0 200   ?

R1#show ip bgp
BGP table version is 28, local router ID is 1.1.1.1
Status codes: s suppressed, d damped, h history, * valid, > best, i - internal,
              r RIB-failure, S Stale
Origin codes: i - IGP, e - EGP, ? - incomplete

   Network          Next Hop         Metric  LocPrf  Weight  Path
*> 192.168.1.0      0.0.0.0          0               32768   i
*>i192.168.2.0      2.2.2.2          0       200     0       i
*>i192.168.3.0      3.3.3.3          0       100     0       i
*>i192.168.4.0      202.101.24.4     600     200     0 200 200 i
*>i192.168.5.0      202.101.24.4     600     200     0 200 200 i
*>i192.168.6.0      202.101.24.4     600     200     0 200 200 i
```

（12）在 R3 上配置 weight，让 R3 优选 R5 作为出口。

```
R3#conf t
R3(config)#router bgp 100
R3(config-router)#nei 202.101.35.5 weight 8888

R3#show ip bgp
BGP table version is 29, local router ID is 3.3.3.3
Status codes: s suppressed,d damped,h history,* valid,> best,i - internal,
              r RIB-failure,S Stale
Origin codes: i - IGP,e - EGP,? - incomplete
```

（1）模拟因特网络的配置，也就是配置 R3，Lo0 地址 3.3.3.3/24 是模拟因特网的一个设备，用于测试检查。

```
R3#conf t
R3(config)#int s1/3
R3(config-if)#no sh
R3(config-if)#ip add 202.101.23.3 255.255.255.0
R3(config-if)#int s1/2
R3(config-if)#no sh
R3(config-if)#ip add 202.101.34.3 255.255.255.0
R3(config)#int lo0
R3(config-if)#ip add 3.3.3.3 255.255.255.0
```

（2）根据从简单到复杂的顺序，先配置右边的企业网络，也就是 R4 的配置。

```
R4(config)#int s1/3
R4(config-if)#no sh
R4(config-if)#ip add 202.101.34.4 255.255.255.0
R4(config-if)#int lo0
R4(config-if)#ip add 4.4.4.4 255.255.255.0
R4(config-if)#ex
R4(config)#ip route 0.0.0.0 0.0.0.0 202.101.34.3
//配置完成后，可以进行 Ping 测试

R4(config)#do ping 3.3.3.3

Type escape sequence to abort.
Sending 5, 100-byte ICMP Echos to 3.3.3.3, timeout is 2 seconds:
!!!!!
Success rate is 100 percent (5/5), round-trip min/avg/max = 24/30/40 ms
//证明连接因特网的网络是正常的
//但是这时如果以 4.4.4.4 作为源地址来 ping 3.3.3.3，会发现网络是不通的
R4(config)#do ping 3.3.3.3 so 4.4.4.4

Type escape sequence to abort.
Sending 5, 100-byte ICMP Echos to 3.3.3.3, timeout is 2 seconds:
Packet sent with a source address of 4.4.4.4
……
Success rate is 0 percent (0/5)
```

【实验说明】 不通的原因是，在上述情况下，Ping 命令中的 4.4.4.4 是作为源地址的，但是该地址是私有地址，在因特网上并没有该地址所对应的回包路由。因此，此时的状态是网络不通。因此，接下来需要配置 NAT。

（3）配置 R4 的 NAT，让网络能够进行通信。

```
R4(config)#access-list 100 deny ip 4.4.4.0 0.0.0.255 1.1.1.0 0.0.0.255
R4(config)#access-list 100 permit ip 4.4.4.0 0.0.0.255 any

R4(config)#ip nat inside source list 100 interface s1/3 overload
R4(config)#end
//配置完成后，进行 Ping 测试
R4#ping 3.3.3.3 source 4.4.4.4
```

```
Type escape sequence to abort.
Sending 5, 100-byte ICMP Echos to 3.3.3.3, timeout is 2 seconds:
Packet sent with a source address of 4.4.4.4
!!!!!
Success rate is 100 percent (5/5), round-trip min/avg/max = 16/25/40 ms
//Ping 测试通过后，可以通过以下命令进行检查
R4#show ip nat translations
Pro Inside global      Inside local       Outside local      Outside global
icmp 202.101.34.4:4    4.4.4.4:4          3.3.3.3:4          3.3.3.3:
//现在 R4 的企业内网已经能通过 NAT 配置访问因特网
```

（4）配置 R1 和 R2 企业的内网，让内网的计算机也能够通过 NAT 访问因特网。

```
R2(config-if)#int s1/3
R2(config-if)#no sh
R2(config-if)#ip add 202.101.23.2 255.255.255.0
R2(config-if)#int s1/3
R2(config-if)#no sh
R2(config-if)#ip add 192.168.12.2 255.255.255.0
R2(config-if)#ex
R2(config)#ip route 0.0.0.0 0.0.0.0 202.101.23.3
R2(config)#ip route 1.1.1.0 255.255.255.0 192.168.12.1
//这边的默认路由是用于访问因特网所配置的路由，静态路由是为了访问 R1 的内网所配置的路由
R1(config)#int s1/2
R1(config-if)#no sh
R1(config-if)#ip add 192.168.12.1 255.255.255.0
R1(config-if)#ex
R1(config)#int lo0
R1(config-if)#ip add 1.1.1.1 255.255.255.0
R1(config-if)#ip route 0.0.0.0 0.0.0.0 192.168.12.2
//配置完成后，在 R2 上进行 Ping 测试，确定网络已经连通

R2(config)#do ping 1.1.1.1 so 202.101.23.2

Type escape sequence to abort.
Sending 5, 100-byte ICMP Echos to 1.1.1.1, timeout is 2 seconds:
Packet sent with a source address of 202.101.23.2
!!!!!
Success rate is 100 percent (5/5), round-trip min/avg/max = 12/23/32 ms

//在 R2 上配置 NAT，让计算机能够访问因特网
R2(config)#int s1/2
R2(config-if)#ip nat outside
R2(config-if)#int s1/3
R2(config-if)#ip nat inside
R2(config)#access-list 100 permit ip 192.168.12.0 0.0.0.255 any
R2(config)#access-list 100 permit ip 1.1.1.0 0.0.0.255 any
R2(config)#ip nat inside source list 100 interface s1/2 overload

//配置完成后，在 R2 进行因特网访问测试
R1#ping 3.3.3.3 source 1.1.1.1
```

第十三章 企业网络安全综合实验

```
Type escape sequence to abort.
Sending 5, 100-byte ICMP Echos to 3.3.3.3, timeout is 2 seconds:
Packet sent with a source address of 1.1.1.1
!!!!!
Success rate is 100 percent (5/5), round-trip min/avg/max = 24/33/44 m
```

（5）在 R3 上打开 telnet，以便进行流量测试。

```
R3(config)#lin v 0 4
R3(config-line)#pass cisco
R3(config-line)#exi
R3(config)#enable password cisco

//在 R1 上进行测试
R1#telnet 3.3.3.3
Trying 3.3.3.3 … Open

User Access Verification

Password:
R3>en
Password:
R3#
```

（6）为了保证 R1 内网的安全，在 R2 上开启 IOS 防火墙功能，保护内网。

```
//先配置入口方向的 ACL，拒绝所有流量，保证网络足够安全
R2(config)#access-list 102 deny ip any any
R2(config)#int s1/2
R2(config-if)#ip access-group 102 in
//这种情况下，任何流量都没法进入网络，但是也没法去访问外网，比如可以在 R1 测试先前的
telnet 和 ICMP 的 Ping 包。
R1#ping 3.3.3.3

Type escape sequence to abort.
Sending 5, 100-byte ICMP Echos to 3.3.3.3, timeout is 2 seconds:
U.U..
Success rate is 0 percent (0/5)
R1#telnet 3.3.3.3
Trying 3.3.3.3 …
% Destination unreachable; gateway or host down
```

【实验说明】 这时网络是完全隔绝的。但是，我们更希望 IOS 防火墙能够让内网的人可以自由出去，但是外面的人不能直接过来访问，所以配置 IOS 防火墙的策略，有限开放流量，先开放 ICMP 流量。

```
R2(config)#ip inspect name test icmp
R2(config)#int s1/2
R2(config-if)#ip inspect test out
//这边的 inspect 放行了 ICMP 流量，可以应用在 s1/2 的出口方向，也可以应用在 s1/3 的入口方向
//这时，在 R1 再次测试
R1#ping 3.3.3.3

Type escape sequence to abort.
```

```
Sending 5, 100-byte ICMP Echos to 3.3.3.3, timeout is 2 seconds:
!!!!!
Success rate is 100 percent (5/5), round-trip min/avg/max = 20/40/60 ms
R1#telnet 3.3.3.3
Trying 3.3.3.3 …
% Connection reset by user
```

【实验说明】 在测试 telnet 会话时，可以按 Ctrl Shift 6 键，然后再按 x 键退出一直僵持的会话，我们发现 ICMP 流量放行了，但是 TCP、UDP 流量没有方向，可以根据需要放行流量。

```
R2(config)#ip inspect name test tcp
R2(config)#ip inspect name test udp
//这时，再去 R1 测试 telnet
R1#telnet 3.3.3.3
Trying 3.3.3.3 … Open

User Access Verification
Password:
R3>en
Password:
R3#
//现在 IOS 防火墙配置完成了，保证了网络的安全性。
```

（7）配置 R1 和 R4 之间的 IPSec VPN，由于配置的是 GRE 和 IPSec 的结合方式，所以先配置 GRE 隧道，保证网络的连通性。

先配置 R1 的 GRE 隧道配置

```
R1(config)#int tun14
R1(config-if)#tunnel source 192.168.12.1
R1(config-if)#tun de 202.101.34.4
R1(config-if)#ip add 172.16.14.1 255.255.255.0
R1(config-if)#router rip
R1(config-router)#ve 2
R1(config-router)#no au
R1(config-router)#net 172.16.0.0
R1(config-router)#net 1.0.0.0
R1(config-router)#

//接下来配置 R4 的 GRE 隧道配置
R4(config)#interface Tunnel14
R4(config-if)# ip address 172.16.14.4 255.255.255.0
R4(config-if)# tunnel source 202.101.34.4
R4(config-if)# tunnel destination 202.101.23.2
R4(config-if)#router rip
R4(config-router)#ve 2
R4(config-router)#no au
R4(config-router)#net 172.16.0.0
R4(config-router)#net 4.0.0.0
```

【实验说明】 配置时的注意点：因为中间 R2 做了 NAT 的配置，所以造成隧道两边在指定源、目地址时会不一致，但是记住，外网的设备只能看到外网地址，所以 R4 都是公网地址。

配置完成后，照理应该建立隧道，路由学习到，但是由于 R2 做了 IOS 防火墙，所以流量没有放行，造成网络不通，所以这边要解决 ACL 的问题，因为结合下面 IPSec VPN 的配置，也一起把 VPN 的流量放行，所以修改 ACL 的格式如下：

```
R2(config)#access-list 102 permit gre any any
R2(config)#access-list 102 permit udp any any eq isakmp
R2(config)#access-list 102 permit udp any any eq non500-isakmp
R2(config)#access-list 102 deny  ip any any
//这时能够学习到路由，并且两边的私有地址可以通信

R1#ping 4.4.4.4 source 1.1.1.1

Type escape sequence to abort.
Sending 5, 100-byte ICMP Echos to 4.4.4.4, timeout is 2 seconds:
Packet sent with a source address of 1.1.1.1
!!!!!
Success rate is 100 percent (5/5), round-trip min/avg/max = 60/77/112 ms
//但是这种情况下，虽然网络是可以通信的，但是没有经过 IPSec VPN 的保护，流量是明文的，所
  以还要进行 IPSec VPN 的配置
```

VPN 配置步骤如下：

先配置 R4 的 VPN

配置 IKE 第一阶段：

```
R4(config)#crypto isakmp key 0 cisco address 202.101.23.2
R4(config)#crypto isakmp policy 1
R4(config-isakmp)#authentication pre-share
```

配置 IKE 第二阶段：

```
R4(config-isakmp)#exit
R4(config)#crypto ipsec transform-set vpn esp-des esp-sha-hmac
```

配置 map 和应用：

```
R4(config)#crypto map vpn-map 1 ipsec-isakmp
R4(config-crypto-map)# set peer 202.101.23.2
R4(config-crypto-map)# set transform-set vpn
R4(config-crypto-map)# match address 101
R4(config-crypto-map)#ex
R4(config)#access-list 101 permit ip 4.4.4.0 0.0.0.255 1.1.1.0 0.0.0.255
```

【实验说明】 这边注意的是 acl 并没有像以往的那样放行 GRE 的流量，原因在于经过一个 GRE，然后 VPN 加密，再 NAT 时，没法正常，所以修改 ACL 来匹配想要加密的流量。

```
R4(config)#int tun14
R4(config-if)#crypto map vpn-map
R4(config-if)#int s1/3
R4(config-if)#crypto map vpn-map
```

配置 R1 的 VPN 配置

配置 IKE 第一阶段：

```
R1(config)#crypto isakmp key 0 cisco address 202.101.34.4
```

```
R1(config)#crypto isakmp policy 1
R1(config-isakmp)#authentication pre-share
```

配置 IKE 第二阶段：

```
R1(config)#crypto ipsec transform-set vpn esp-des esp-sha-hmac
```

配置 map 和应用：

```
R1(cfg-crypto-trans)#crypto map vpn-map 1 ipsec-isakmp
R1(config-crypto-map)# set peer 202.101.34.4
R1(config-crypto-map)# set transform-set vpn
R1(config-crypto-map)# match address 101
R1(config)#access-list 101 permit ip 1.1.1.0 0.0.0.255 4.4.4.0 0.0.0.255
R1(config)#int tun14
R1(config-if)#crypto map vpn-map
R1(config-if)#int s1/2
R1(config-if)#crypto map vpn-map

//配置完成后进行 Ping 测试，观察流量是否加密，解密
R1#ping 4.4.4.4 source 1.1.1.1 repeat 200

Type escape sequence to abort.
Sending 200, 100-byte ICMP Echos to 4.4.4.4, timeout is 2 seconds:
Packet sent with a source address of 1.1.1.1
.!!!!!!!!!!!!!!!!!!!!!!!!!!!!!!!!!!!!!!!!!!!!!!!!!!!!!!!!!!!!!!!!
!!!!!!!!!!!!!!!!!!!!!!!!!!!!!!!!!!!!!!!!!!!!!!!!!!!!!!!!!!!!!!!!!
!!!!!!!!!!!!!!!!!!!!!!!!!!!!!!!!!!!!!!!!!!!!!!!!!!!!!!!!!!!!!!
Success rate is 99 percent (199/200), round-trip min/avg/max = 36/68/132 ms
//查看加密，解密数目
R1#show crypto engine connections active

  ID Interface     IP-Address     State   Algorithm             Encrypt   Decrypt
   1 Serial1/2     192.168.12.1   set     HMAC_SHA+DES_56_CB          0         0
2001 Serial1/2     192.168.12.1   set     DES+SHA                   199         0
2002 Serial1/2     192.168.12.1   set     DES+SHA                     0       199
```

第十四章 架构运营商的 MPLS VPN 网络

1 实验内容和实验项目需求

模拟 ISP 的 MPLS VPN 网络，通过 ISP 的 MPLS 的核心网络，组建客户的 VPN 网络通信。

2 实验目的

通过实验了解 MPLS VPN 的原理和配置。

3 实验原理

MPLS（Multi-Protocol Label Switching）即多协议标签交换，MPLS-VPN 是指采用 MPLS 技术在骨干宽带 IP 网络上构建企业 IP 专网，实现跨地域、安全、高速、可靠的数据、语音、图像多业务通信，并结合差别服务、流量工程等相关技术，将公众网可靠的性能、良好的扩展性、丰富的功能与专用网的安全、灵活、高效结合在一起，为用户提供高质量的服务。

MPLS 的标签格式如图 14.1 所示。

图 14.1 MPLS 的标签格式

通过使用 MPLS 的标签就可以在 MPLS 网络提供增值服务，为运营商创造了更多的利润空间，是现今运营商网络中的重要组成部分。

4 实验拓扑

实验拓扑图如图 14.2 所示。

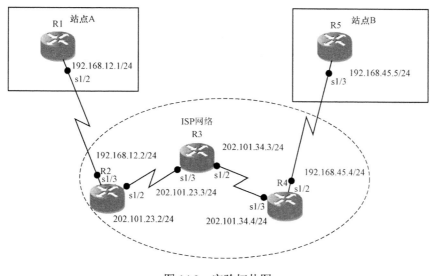

图 14.2 实验拓扑图

5 实验步骤

网络最后需要实现通过中间的 R2、R3、R4 组成的运营商网络，为两个跨地域的 VPN 客户提供 MPLS VPN 网络服务，最后实现两边客户的通信。两边客户的网络都是使用的私有地址，在 ISP 网络中使用的是公有地址。检验实验成功与否的方式就是看两边的 VPN 客户是否可以进行 telnet，或者其他类似业务的通信。

（1）配置 ISP 核心网络的 IP 地址，ISP 有三台路由器模拟。

```
R2#conf t
R2(config)#int s1/2
R2(config-if)#no sh
R2(config-if)#ip add 202.101.23.2 255.255.255.0

R3#conf t
R3(config)#int s1/3
R3(config-if)#no sh
R3(config-if)#ip add 202.101.23.3 255.255.255.0
R3(config-if)#int s1/2
R3(config-if)#no sh
R3(config-if)#ip add 202.101.34.3 255.255.255.0

R4#conf t
R4(config)#int s1/3
R4(config-if)#no sh
R4(config-if)#ip add 202.101.34.4 255.255.255.0

//配置完成后，在 R2、R3、R4 上进行直连网段的 Ping 测试
R3(config-if)#end
R3#ping 202.101.23.2

Type escape sequence to abort.
Sending 5,100-byte ICMP Echos to 202.101.23.2,timeout is 2 seconds:
!!!!!
Success rate is 100 percent (5/5),round-trip min/avg/max = 20/26/40 ms
R3#ping 202.101.23.3

Type escape sequence to abort.
Sending 5,100-byte ICMP Echos to 202.101.23.3,timeout is 2 seconds:
!!!!!
Success rate is 100 percent (5/5),round-trip min/avg/max = 36/52/68 ms
R3#ping 202.101.34.3

Type escape sequence to abort.
Sending 5,100-byte ICMP Echos to 202.101.34.3,timeout is 2 seconds:
!!!!!
Success rate is 100 percent (5/5),round-trip min/avg/max = 40/46/68 ms
R3#ping 202.101.34.4

Type escape sequence to abort.
Sending 5,100-byte ICMP Echos to 202.101.34.4,timeout is 2 seconds:
!!!!!
```

```
Success rate is 100 percent (5/5),round-trip min/avg/max = 20/32/44 ms
R3#
```
//在Ping的过程中"!"代表网通了。如果不通,则需要检查配置的地址,检查方法是使用show run
或者show ip int brief。

(2) 在R2、R3、R4上创建loopback接口地址,并进行OSPF协议的宣告。

```
R2(config-if)#int lo0
R2(config-if)#ip add 2.2.2.2 255.255.255.255
R2(config-if)#router ospf 1
R2(config-router)#router-id 2.2.2.2
R2(config-router)#net 202.101.23.2 0.0.0.0 a 0
R2(config-router)#net 2.2.2.2 0.0.0.0 a 0

R3(config)#int lo0
R3(config-if)#ip add 3.3.3.3 255.255.255.255
R3(config-if)#router ospf 1
R3(config-router)#router-id 3.3.3.3
R3(config-router)#net 202.101.23.3 0.0.0.0 a 0
R3(config-router)#net 202.101.34.3 0.0.0.0 a 0
R3(config-router)#net 3.3.3.3 0.0.0.0 a 0

R4(config-if)#int lo0
R4(config-if)#ip add 4.4.4.4 255.255.255.255
R4(config-if)#router ospf 1
R4(config-router)#router-id 4.4.4.4
R4(config-router)#net 202.101.34.4 0.0.0.0 a 0
R4(config-router)#net 4.4.4.4 0.0.0.0 a 0
```

//配置完成后,检查OSPF邻居:
```
R2(config-router)#do show ip ospf nei

Neighbor ID     Pri   State           Dead Time   Address         Interface
3.3.3.3          0    FULL/  -        00:00:37    202.101.23.3    Serial1/2

R3(config-router)#do show ip ospf nei

Neighbor ID     Pri   State           Dead Time   Address         Interface
4.4.4.4          0    FULL/  -        00:00:37    202.101.34.4    Serial1/2
2.2.2.2          0    FULL/  -        00:00:31    202.101.23.2    Serial1/3

R4(config-router)#do show ip ospf nei

Neighbor ID     Pri   State           Dead Time   Address         Interface
3.3.3.3          0    FULL/  -        00:00:33    202.101.34.3    Serial1/3
```
//正常情况下应该形成如上所看到的邻居关系,如果邻居关系有问题,请检查OSPF的配置

//检查OSPF的路由:
```
R2(config-router)#do show ip route ospf
     3.0.0.0/32 is subnetted,1 subnets
O       3.3.3.3 [110/65] via 202.101.23.3,00:09:34,Serial1/2
```

```
          4.0.0.0/32 is subnetted,1 subnets
O      4.4.4.4 [110/129] via 202.101.23.3,00: 09: 34,Serial1/2
O   202.101.34.0/24 [110/128] via 202.101.23.3,00: 09: 34,Serial1/2

R3(config-router)#do show ip route ospf
      2.0.0.0/32 is subnetted,1 subnets
O      2.2.2.2 [110/65] via 202.101.23.2,00: 10: 04,Serial1/3
      4.0.0.0/32 is subnetted,1 subnets
O      4.4.4.4 [110/65] via 202.101.34.4,00: 10: 04,Serial1/2

R4(config-router)#do show ip route ospf
O   202.101.23.0/24 [110/128] via 202.101.34.3,00: 10: 32,Serial1/3
      2.0.0.0/32 is subnetted,1 subnets
O      2.2.2.2 [110/129] via 202.101.34.3,00: 10: 32,Serial1/3
      3.0.0.0/32 is subnetted,1 subnets
O      3.3.3.3 [110/65] via 202.101.34.3,00: 10: 32,Serial1/3
```

（3）配置 R2 和 R4 之间的 BGP 邻居关系，这边建立的是 BGP VPNv4 的邻居关系。

```
R2(config-router)#router bgp 100
R2(config-router)#bgp router-id 2.2.2.2
R2(config-router)#nei 4.4.4.4 remote-as 100
R2(config-router)#nei 4.4.4.4 up lo0
R2(config-router)#address-family vpnv4
R2(config-router-af)#nei 4.4.4.4 ac

R4(config-router)#router bgp 100
R4(config-router)#bgp router-id 4.4.4.4
R4(config-router)#nei 2.2.2.2 remote-as 100
R4(config-router)#nei 2.2.2.2 up lo0
R4(config-router)#address-family vpnv4
R4(config-router-af)#nei 2.2.2.2 ac

//配置完成后,检查 VPNv4 的邻居关系
R2#show bgp vpnv4 unicast all summary
BGP router identifier 2.2.2.2,local AS number 100
BGP table version is 1,main routing table version 1

Neighbor   V    AS   MsgRcvd  MsgSent  TblVer  InQ  OutQ  Up/Down    State/PfxRcd
4.4.4.4    4    100    5        6        1      0    0   00:02:08        0

R4#show bgp vpnv4 unicast all summary
BGP router identifier 4.4.4.4,local AS number 100
BGP table version is 1,main routing table version 1

Neighbor   V    AS   MsgRcvd  MsgSent  TblVer  InQ  OutQ  Up/Down    State/PfxRcd
2.2.2.2    4    100    6        7        1      0    0   00:02:52        0
```

如看到是数字，表明是学习到的路由，也就证明邻居关系形成，如果看到其他的任何英文，证明邻居关系不正常，检查配置。

（4）在 R2 上配置与 VPN 客户 A 之间的网络。

第十四章 架构运营商的 MPLS VPN 网络

配置 vrf
```
R2(config)#ip vrf site-a
R2(config-vrf)#rd 100: 1
R2(config-vrf)#route-target 100: 1
```

//把 vrf 应用在连接客户端的接口,并配置地址
```
R2(config-vrf)#int s1/3
R2(config-if)#no sh
R2(config-if)#ip vrf forwarding site-a
R2(config-if)#ip add 192.168.12.2 255.255.255.0


R1#conf t
R1(config)#int s1/2
R1(config-if)#no sh
R1(config-if)#ip add 192.168.12.1 255.255.255.0
```

//配置完成后,进行直连的 ping 测试
```
R1(config-if)#do ping 192.168.12.2

Type escape sequence to abort.
Sending 5,100-byte ICMP Echos to 192.168.12.2,timeout is 2 seconds:
!!!!!
Success rate is 100 percent (5/5),round-trip min/avg/max = 20/23/36 ms

R2#ping vrf site-a 192.168.12.2

Type escape sequence to abort.
Sending 5,100-byte ICMP Echos to 192.168.12.2,timeout is 2 seconds:
!!!!!
Success rate is 100 percent (5/5),round-trip min/avg/max = 40/44/56 m
```
【实验说明】 这边在 R2 进行 Ping 时,应该要加上 vrf site-a。
(5) 建立 R2 和 vpn 客户 R1 之间的网络,这边运行 RIP 协议。

```
R1(config-if)#int lo0
R1(config-if)#ip add 192.168.1.1 255.255.255.0
R1(config-if)#router rip
R1(config-router)#ve 2
R1(config-router)#no au
R1(config-router)#net 192.168.1.0
R1(config-router)#net 192.168.12.0

R2#conf t
R2(config)#router rip
R2(config-router)#address-family ipv4 vrf site-a
R2(config-router-af)#ve 2
R2(config-router-af)#no au
R2(config-router-af)#net 192.168.12.0
```

//配置完成后检查路由

```
R2(config-router-af)#do sh ip ro vrf site-a

Routing Table: site-a
Codes: C - connected,S - static,R - RIP,M - mobile,B - BGP
       D - EIGRP,EX - EIGRP external,O - OSPF,IA - OSPF inter area
       N1 - OSPF NSSA external type 1,N2 - OSPF NSSA external type 2
       E1 - OSPF external type 1,E2 - OSPF external type 2
       i - IS-IS,su - IS-IS summary,L1 - IS-IS level-1,L2 - IS-IS level-2
       ia - IS-IS inter area,* - candidate default,U - per-user static route
       o - ODR,P - periodic downloaded static route

Gateway of last resort is not set

C    192.168.12.0/24 is directly connected,Serial1/3
R    192.168.1.0/24 [120/1] via 192.168.12.1,00: 00: 04,Serial1/3

//进行 Ping 测试
R2(config-router-af)#do ping vrf site-a 192.168.1.1

Type escape sequence to abort.
Sending 5,100-byte ICMP Echos to 192.168.1.1,timeout is 2 seconds:
!!!!!
Success rate is 100 percent (5/5),round-trip min/avg/max = 16/24/40 ms
```

（6）在 R4 上配置与 VPN 客户 B 之间的网络。

```
配置 vrf
R4(config)#ip vrf site-b
R4(config-vrf)#rd 100: 1
R4(config-vrf)#route-target 100: 1

//把 vrf 应用在连接客户端的接口,并配置地址
R4(config-vrf)#int s1/2
R4(config-if)#no sh
R4(config-if)#ip vrf forwarding site-b
R4(config-if)#ip add 192.168.45.4 255.255.255.0

R5#conf t
R5(config)#int s1/3
R5(config-if)#no sh
R5(config-if)#ip add 192.168.45.5 255.255.255.0
//配置完成后,进行直连的 ping 测试
R5(config-if)#do ping 192.168.45.4

Type escape sequence to abort.
Sending 5,100-byte ICMP Echos to 192.168.45.4,timeout is 2 seconds:
!!!!!
Success rate is 100 percent (5/5),round-trip min/avg/max = 8/14/24 ms

R4(config-if)#do ping vrf site-b 192.168.45.5

Type escape sequence to abort.
```

```
Sending 5,100-byte ICMP Echos to 192.168.45.5,timeout is 2 seconds:
!!!!!
Success rate is 100 percent (5/5),round-trip min/avg/max = 16/33/56 msSuccess
rate is 100 percent (5/5),round-trip min/avg/max = 20/23/36 ms
```
//在R2进行ping的时候,应该要加上vrf site-b

(7) 建立R4和VPN客户R5之间的网络,运行RIP协议。

```
R5(config-if)#int lo0
R5(config-if)#ip add 192.168.5.1 255.255.255.0
R5(config-if)#router rip
R5(config-router)#ve 2
R5(config-router)#no au
R5(config-router)#net 192.168.5.0
R5(config-router)#net 192.168.45.0

R4(config-if)#router rip
R4(config-router)#address-family ipv4 vrf site-b
R4(config-router-af)#ve 2
R4(config-router-af)#no au
R4(config-router-af)#net 192.168.45.0
```
配置完成后检查路由:
```
R4(config-router-af)#do sh ip ro vrf site-b

Routing Table: site-b
Codes: C - connected,S - static,R - RIP,M - mobile,B - BGP
       D - EIGRP,EX - EIGRP external,O - OSPF,IA - OSPF inter area
       N1 - OSPF NSSA external type 1,N2 - OSPF NSSA external type 2
       E1 - OSPF external type 1,E2 - OSPF external type 2
       i - IS-IS,su - IS-IS summary,L1 - IS-IS level-1,L2 - IS-IS level-2
       ia - IS-IS inter area,* - candidate default,U - per-user static route
       o - ODR,P - periodic downloaded static route

Gateway of last resort is not set

C    192.168.45.0/24 is directly connected,Serial1/2
R    192.168.5.0/24 [120/1] via 192.168.45.5,00: 00: 11,Serial1/2
```
//进行ping测试
```
R4(config-router-af)#do ping vrf site-b 192.168.5.1

Type escape sequence to abort.
Sending 5,100-byte ICMP Echos to 192.168.5.1,timeout is 2 seconds:
!!!!!
Success rate is 100 percent (5/5),round-trip min/avg/max = 8/23/52 ms
```
(8) 在R2和R4上把rip路由导入bgp,并且把bgp导入rip。

```
R2(config-router-af)#router bgp 100
R2(config-router)#address-family ipv4 vrf site-a
R2(config-router-af)#redistribute rip
R2(config-router-af)#exi
R2(config-router)#router rip
R2(config-router)#address-family ipv4 vrf site-a
```

```
R2(config-router-af)#redistribute bgp 100 me 2

R4(config-router-af)#router rip
R4(config-router)#address-family ipv4 vrf site-b
R4(config-router-af)#redistribute bgp 100 me 2
R4(config-router-af)#router bgp 100
R4(config-router)#address-family ipv4 vrf site-b
R4(config-router-af)#redistribute rip
//配置完成后检查路由
R1#show ip route
Codes: C - connected, S - static, R - RIP, M - mobile, B - BGP
       D - EIGRP, EX - EIGRP external, O - OSPF, IA - OSPF inter area
       N1 - OSPF NSSA external type 1, N2 - OSPF NSSA external type 2
       E1 - OSPF external type 1, E2 - OSPF external type 2
       i - IS-IS, su - IS-IS summary, L1 - IS-IS level-1, L2 - IS-IS level-2
       ia - IS-IS inter area, * - candidate default, U - per-user static route
       o - ODR, P - periodic downloaded static route

Gateway of last resort is not set

C    192.168.12.0/24 is directly connected, Serial1/2
R    192.168.45.0/24 [120/2] via 192.168.12.2, 00: 00: 23, Serial1/2
R    192.168.5.0/24 [120/2] via 192.168.12.2, 00: 00: 23, Serial1/2
C    192.168.1.0/24 is directly connected, Loopback0

R5#show ip route
Codes: C - connected, S - static, R - RIP, M - mobile, B - BGP
       D - EIGRP, EX - EIGRP external, O - OSPF, IA - OSPF inter area
       N1 - OSPF NSSA external type 1, N2 - OSPF NSSA external type 2
       E1 - OSPF external type 1, E2 - OSPF external type 2
       i - IS-IS, su - IS-IS summary, L1 - IS-IS level-1, L2 - IS-IS level-2
       ia - IS-IS inter area, * - candidate default, U - per-user static route
       o - ODR, P - periodic downloaded static route

Gateway of last resort is not set

R    192.168.12.0/24 [120/2] via 192.168.45.4, 00: 00: 19, Serial1/3
C    192.168.45.0/24 is directly connected, Serial1/3
C    192.168.5.0/24 is directly connected, Loopback0
R    192.168.1.0/24 [120/2] via 192.168.45.4, 00: 00: 19, Serial1/3
```

配置完成后进行 ping 测试，发现不通，此时需要在核心网上配置 mpls，让 mpls vpn 能够起作用。

（9）在核心网 R2、R3、R4 上运行 mpls。

```
R2(config)#mpls ldp router-id lo0
R2(config)#int s1/2
R2(config-if)#mpls ip

R3(config)#mpls ldp router-id lo0
R3(config)#int s1/2
```

```
R3(config-if)#mpls ip
R3(config-if)#int s1/3
R3(config-if)#mpls ip

R4(config)#mpls ldp router-id lo0
R4(config)#int s1/3
R4(config-if)#mpls ip
//配置完成后检查mpls 邻居
*Mar  1 01: 29: 06.727: %LDP-5-NBRCHG: LDP Neighbor 4.4.4.4: 0 (2) is UP
R3(config-if)#do show mpls ldp nei
   Peer LDP Ident: 2.2.2.2: 0; Local LDP Ident 3.3.3.3: 0
      TCP connection: 2.2.2.2.646 - 3.3.3.3.65269
      State: Oper; Msgs sent/rcvd: 8/8; Downstream
      Up time: 00: 00: 39
      LDP discovery sources:
        Serial1/3,Src IP addr: 202.101.23.2
      Addresses bound to peer LDP Ident:
        202.101.23.2    2.2.2.2
   Peer LDP Ident: 4.4.4.4: 0; Local LDP Ident 3.3.3.3: 0
      TCP connection: 4.4.4.4.62937 - 3.3.3.3.646
      State: Oper; Msgs sent/rcvd: 8/8; Downstream
      Up time: 00: 00: 19
      LDP discovery sources:
        Serial1/2,Src IP addr: 202.101.34.4
      Addresses bound to peer LDP Ident:
        202.101.34.4    4.4.4.4
//进行ping测试
R1#ping 192.168.5.1 source 192.168.1.1
Type escape sequence to abort.
Sending 5,100-byte ICMP Echos to 192.168.5.1,timeout is 2 seconds:
Packet sent with a source address of 192.168.1.1
!!!!!
Success rate is 100 percent (5/5),round-trip min/avg/max = 64/88/128 ms
//在R5上打开telnet测试
R5(config)#lin vty 0 4
R5(config-line)#pass cisco
R5(config-line)#exi
R5(config)#enable password cisco
R1#telnet 192.168.5.1
Trying 192.168.5.1 … Open
User Access Verification
Password:
R5>en
Password:
R5#
```

第十五章 综合实验(大作业)

综合实验一 中小型企业内部网络访问控制解决方案

1 实验内容

企业网组建项目要求:某单位的办公室、人事处和财务处分别属于不同的网段,这 3 个部门之间通过路由器实现数据的交换,但出于安全考虑,单位要求办公室的网络可以访问财务处的网络,而人事处无法访问财物处的网络,其他网络之间都可以实现互访。

2 实验目的

(1)掌握使用静态路由或者动态路由技术实现企业网组建。

(2)ACL 的设置。

3 实验拓扑

实验拓扑图如图 15.1 所示。

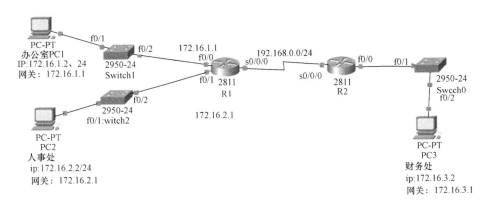

图 15.1 实验拓扑图

4 实验步骤

……

5 实验报告填写

要求学生按照实验教师要求的格式,填写每个设备上的配置命令及简单说明配置步骤。

综合实验二 某企业网络规划与设计

1 实验内容

(1)划分 VLAN 2、3、4、10,并实现 VLAN 间的通信。

(2)配置 NAT,实现 VLAN2、3 共享地址 202.100.1.1 上网。VLAN4 不可以上网。

（3）服务器静态映射 202.100.1.2/24 对外提供 WWW 服务。
（4）配置 PPP，实现总部到分部的通信，CHAP 验证，密码：CISCO。
（5）配置 RIP 协议，实现全网互通。
（6）网络管理员的 PC 可以管理其他所有设备，其他主机不可以。
（7）公司分部可以访问外网的 WWW 服务。

2 实验目的
熟悉知识点：VLAN 划分，VLAN 间通信。

3 实验拓扑
实验拓扑图如图 15.2 所示。

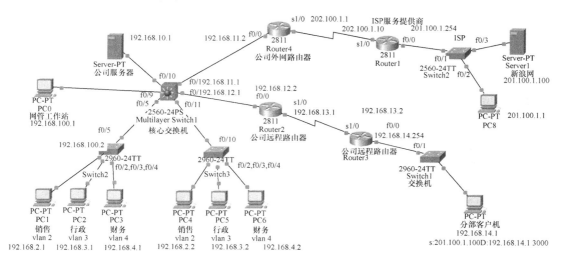

图 15.2 实验拓扑图

4 实验步骤
略。

5 实验报告填写
要求学生按照实验教师要求的格式，填写每个设备上的配置命令及简单说明配置步骤。

附 录 A

A.1 GNS3 的安装及设置

GNS3 是一款具有优秀的图形化界面,可以在多平台运行(包括 Windows、Linux、and Mac OS 等)的网络虚拟软件。同时它也可以用于虚拟体验 Cisco 网际操作系统 IOS 或者是检验将要在真实的路由器上部署实施的相关配置。

A.1.1 软件安装

安装过程较简单,直接单击 NEXT,如图 A.1~图 A.4 所示。

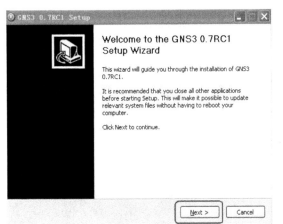

图 A.1

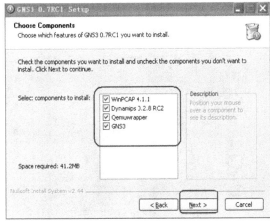

图 A.2

图 A.3

图 A.4

到此,GNS3 的安装已全部完成。

A.1.2 GNS3 设置

安装完成后,打开 GNS3 软件,第一次打开 GNS3 会出现设置向导,设置具体步骤如下。

A.1.2.1 设置 Dynamips

在设置向导界面中，选择 STEP1，或选"编辑—首选项"，如图 A.5 所示。

图 A.5

此时，进入 Perferences 设置，习惯用中文的，可在"一般"—"语言"处勾选"简体中文"，如图 A.6 所示。

图 A.6

接着，需要设置"工程目录"和"IOS/PIXOS 目录"，如图 A.7 所示。

图 A.7

勾选"当添加链接默认使用手动模式",如图 A.8 所示。

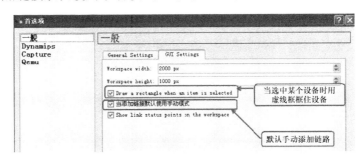

图 A.8

勾选"自动清空工作目录",不能保存配置。
GNS3 是 Dynamips 的图形界面,记得测试一下,如图 A.9 所示。

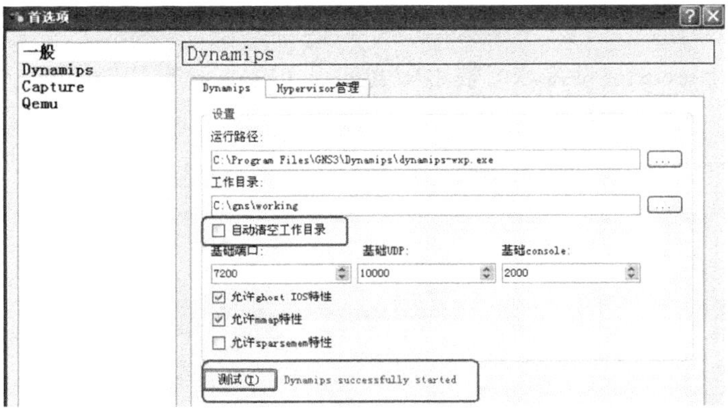

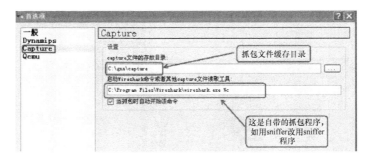

图 A.9

GNS3 自带了抓包工具 Capture,也可用 sniffer。这里设置"capture 文件的存放目录",如图 A.10 所示。

图 A.10

A.1.2.2 设置 IOS。

返回到设置向导,选择"Step 2"设置 IOS,或选编辑—IOS 和 Hypervisor。在"IOS"窗口选择 Cisco IOS 文件,以及和 IOS 文件对应的"平台"和"型号"后,单击"保存",如图 A.11 所示。

附 录 A

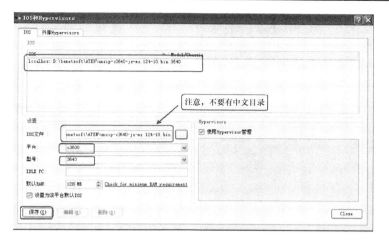

图 A.11

在"外部 Hypervisors"窗口单击保存添加主机端口，如图 A.12 所示。

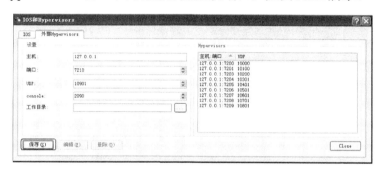

图 A.12

A.2 WEB-IOU 的安装

A.2.1 首先要安装好 VMware9.02。

A.2.2 下载 Web-iou 相应虚拟机包。

A.2.3 在 VMware 中打开已经解压好的 Web-iou，如图 A.13 所示。

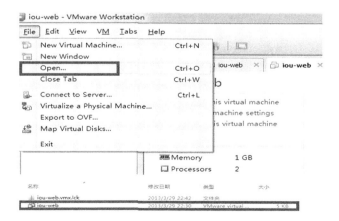

图 A.13

A.2.4 对 Web-iou 进行相应的设置，如图 A.14、图 A.15 所示。

图 A.14

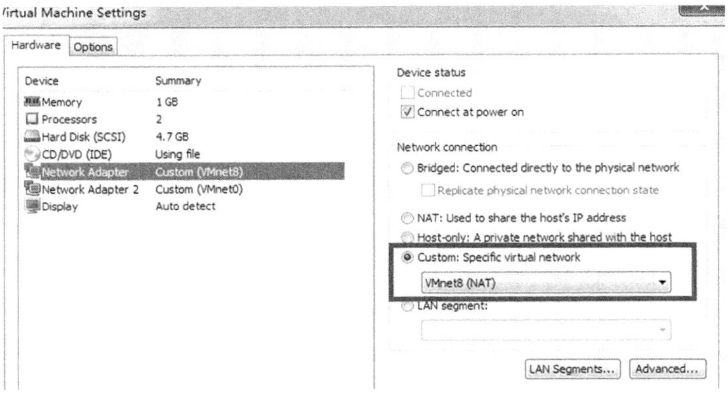

图 A.15

A.2.5 运行 Web-iou 虚拟机，如图 A.16 所示。

图 A.16

图 A.17

A.2.6 查看 eth0 口的 IP 地址。

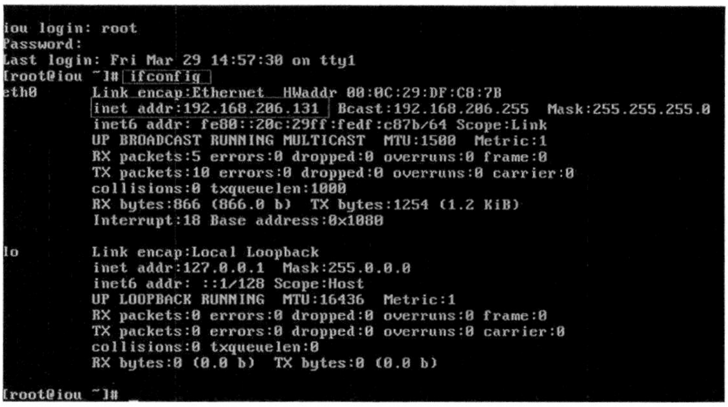

图 A.18

A.2.7 在 VMware 中配置相应的 eth0 地址段的地址。

查看完 eth0 口的 IP 地址后需到本机的网络适配器双击或右击，单击"属性"选项，如图 A.19、图 A.20 所示。

在其 IP 地址段中配置相应的 eth0 口地址段的 IP 地址，如图 A.21 所示。

 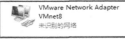 

图 A.19

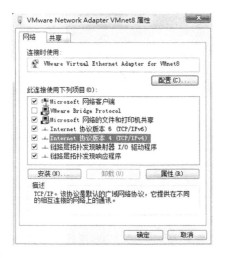 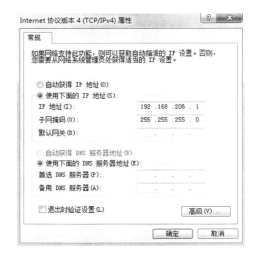

图 A.20　　　　　　　　　　　　　　　图 A.21

A.2.8　测试连通性。

在本机运行中输入 "cmd"，进入 DOS 命令界面，测试本机与虚拟机 web-iou 的连通性，如图 A.22 所示。

图 A.22

经上述步骤 web-iou 的安装已完成，可正常使用 web-iou。

在浏览器中输入相应的 eth0 的 IP 地址，登录 web-iou，如图 4.23 所示。

图 A.23

下面显示的就是 web-iou 的登录界面，如图 A.24 所示。

图 A.24

参 考 文 献

[1] 多伊尔，卡罗尔．TCP/IP 路由技术［M］．2 版．北京：人民邮电出版社，2007．
[2] Thomas M，Thomas II.OSPF 网络设计解决方案［M］．2 版，北京：人民邮电出版社，2013．
[3] 吴功宜，吴英．计算机网络教师用书［M］．2 版．北京：清华大学出版社，2011．
[4] 杨功元，窦琨，马国泰.思科系列丛书：Packet Tracer 使用指南及实验实训教程［M］．北京：电子工业出版社，2012．
[5] 王隆杰，梁广民．思科系列丛书：思科网络实验室 CCNP（交换技术）实验指南［M］．北京：电子工业出版社，2012．
[6] 梁广民．思科网络实验室 CCNP（路由技术）实验指南［M］．北京：电子工业出版社，2012．